JAGDHUNDE

Anschaffung, Rassen, Jagdpraxis

Originalausgabe © 1998 bei ATP, Chamalières, Frankreich
Originaltitel: »Guide des chiens de chasse«

Bonner Str. 126, D-50968 Köln
Übersetzung aus dem Französischen:
Monika Cyrol, Ingrid Körber und Anja Röger
für GAIA Text, München
Fachlektorat: Rupert Schmid
für GAIA Text, München
Redaktion und Satz:
GAIA Text, München

Projektkoordination: Dorit Esser
Herstellungsleitung: Detlev Schaper
Herstellungsassistenz: Ursula Schümer
Druck und Bindung: Mateo Cromo Artes Gráficas, Madrid
Printed in Spain

ISBN 3-8290-1729-4
10 9 8 7 6 5 4 3 2 1

JAGDHUNDE

Anschaffung, Rassen, Jagdpraxis

Claude ROSSIGNOL
Alexandra CACCIVIO

KÖNEMANN

INHALT

Der Jäger
und sein Hund

Die Ursprünge des Jagdhundes

Der Jagdhund ist wahrscheinlich der älteste Begleiter des Menschen. Eine historische Freundschaft, die mit der Zeit immer enger geworden ist.

Vermutlich ist der Hund irgendwann zwischen Alt- und Jungsteinzeit, also vor fast 15 000 Jahren, zum Partner des Jägers geworden. Der ersten Art, deren Knochen man in der Nähe von menschlichen Skeletten an Fundstellen der Jungsteinzeit gefunden hat, gab der schwedische Naturforscher Linné im 18. Jahrhundert die Bezeichnung »Canis familiaris putjani«.

Der Ursprung lag in Europa

Später entdeckte man den »Canis familiaris palustris«, Torfhund genannt, der hauptsächlich im Norden Europas vorkam. Die Ausbreitung dieser Ursprungsrasse über beinahe die ganze Welt erfolgte über Rußland, Asien, den Nahen Osten, England und Südeuropa, von wo aus sie in Nordafrika Einzug hielt, während ein anderer Zweig der Familie aus dem Orient nach Ägypten kam. Gegen Ende der vorgeschichtlichen Zeit tauchte der »Canis familiaris intermedius«, der Aschenhund auf, der vermutlich eine Kreuzung aus Torfhund und Wolf und somit die erste gezüchtete Rasse ist.

Den Chien gris de Saint Louis, der mit als erster Jagdhund als rasserein betrachtet wurde, brachte Ludwig IX. von Frankreich im 13. Jahrhundert von einem Kreuzzug mit, bei dem er dessen Hetztrieb zu schätzen gelernt hatte.

Auslese über knapp sechs Jahrtausende

Obwohl es nur wenige prähistorische Darstellungen von Jagdhunden gibt, sind sie mit der Geschichte der Zivilisation untrennbar verbunden. Bereits gegen 4000 v. Chr. wurden in Ägypten, Mesopotamien, der Sahara und Osteuropa Hunde für die Jagd verwendet. Außer Zweifel steht auch, daß man in unseren Gegenden zur Römerzeit Laufhunde (Bracken) für die Jagd benutzte. Interessanterweise haben die Kreuzzüge der christlichen Ritter ins Heilige Land die europäischen Hundearten ungewollt verändert und bereichert. Wahrscheinlich aus ebendiesen Gründen tauchten ungefähr zur gleichen Zeit die Hühnerhunde auf, die von Falknern benutzt wurden und die Vorfahren unserer Vorstehhunde sind. Im gesamten mittelalterlichen Europa wurde den fürstlichen Hundemeuten große Bedeutung beigemessen. Seit dem 16. Jahrhundert fand die Kynologie von England aus Verbreitung. Ebenfalls in England fand 1859 die erste Hundeausstellung statt, auf die 1863 eine Ausstellung in Paris folgte. Der deutsche Jagdgebrauchshundeverband hat seine Wurzeln im späten 19. Jahrhundert. Nach und nach bildeten sich die einzelnen Hunderassen deutlich heraus, wurden Hundemerkmale definiert, und es gründeten sich die einzelnen Rassevereine.

Der Körperbau des Hundes

Der Körperbau des Hundes ist bis ins Detail definiert. Anhand von Rassestandards beurteilen Experten die Gesamterscheinung und die jagdliche Eignung eines Hundes.

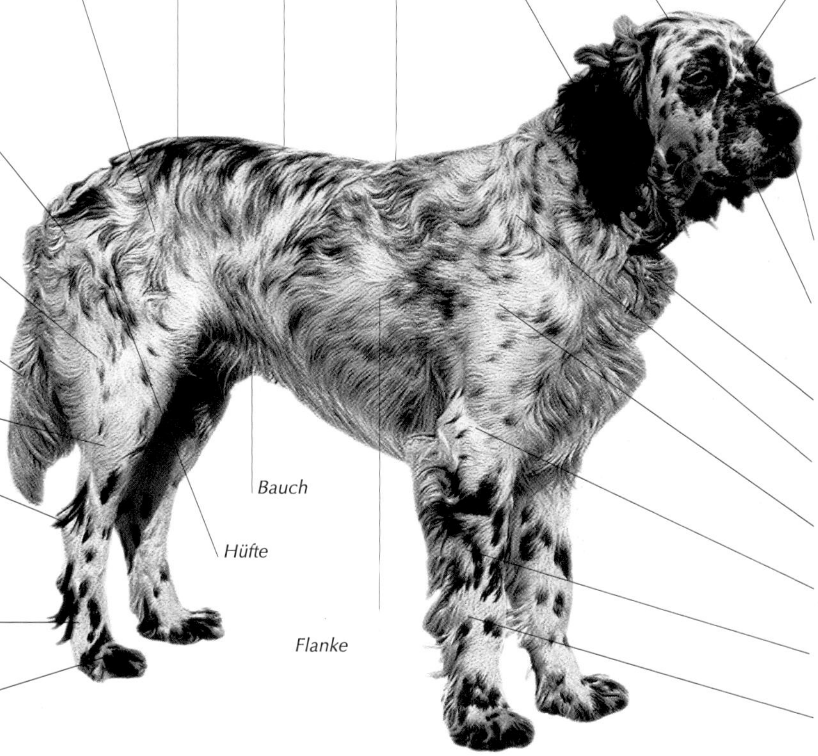

Rassestandards legen den Körperbau des Hundes genau fest: Die entsprechenden rassetypischen Merkmale ergeben sich aus einer Unterteilung des Hundekörpers in spezielle Bereiche. Schlüsselbegriffe wie »Stop«, »Rükkenlinie« oder »Rute« geben eindeutigen Aufschluß über die erforderlichen Merkmale der einzelnen Rassen.

Jagdliche Eignung durch entsprechenden Körperbau

Offen gesagt spielt bei der Entscheidung für eine bestimmte Rasse die Ästhetik oftmals eine größere Rolle als die Gebrauchstüchtigkeit, was letztendlich auch verständlich ist.

Für den Jagdeinsatz wird das Verhalten eines Hundes jedoch direkt durch seinen Körperbau bestimmt. So ist die Ausdauer, also die Fähigkeit des Hundes, über längere Zeit ohne übermäßige Ermüdung tätig zu sein, von seinem Temperament und seiner Energie, aber auch vom Körperbau abhängig. Andererseits nützen einem Jagdhund ohne Ausdauer seine sonstigen Vorzüge auch nichts. Außerdem gibt es nichts Enttäuschenderes als einen Jagdhund, der kapituliert, während die anderen weiterlaufen. Schönheit und Anmut sind nur eine nützliche Ergänzung zu den rein körperlichen Merkmalen eines Hundes. Der Bewegungsapparat ist hierbei besonders wichtig. Läufe und Gelenke sind sozusagen sein Getriebe. Ein kräftiger Körperbau verleiht ihm Haltung und Schnelligkeit. Hunde mit kurzem Rücken sind (im allgemeinen) beweglicher und schneller. Ein schlechtgebauter Hund ist hingegen immer schwächer und weist eher Verschleißerscheinungen auf.

Man wählt also vorzugsweise ein Tier mit optimalem Gebäude aus, das über viele Jahre hinweg ein treuer Begleiter sein wird.

Der Kauf des Welpen

Wo kauft man einen Welpen?

Der Kauf eines Welpen erfordert viel Sorgfalt, denn dieses kleine Fellbündel wird einen mindestens zehn Jahre lang begleiten. Worauf muß man achten?

Es gibt viele, fast unzählige Möglichkeiten, den idealen Begleiter zu finden. Für Jagdgebrauchshunde gilt jedoch die Regel, daß man sich am besten an einen Jäger wendet, der selbst züchtet. Sicherlich läßt sich auch bei züchtenden Nicht-Jägern ein guter Fang machen, doch sollte sichergestellt sein, daß beide Elterntiere sich im jagdlichen Alltag bewährt haben. Es sollten auch nur Hunde gekauft werden, die offizielle Papiere vom »Deutschen Jagdgebrauchshundeverband« haben. Diese gewährleisten, daß nur Hunde mit ausreichendem Körperbau und guten Leistungen auf Prüfungen zur Zucht verwendet werden. Die übliche Methode, an angebotene Welpen zu kommen, sind Kleinanzeigen oder Jagdfachzeitschriften, die reichlich Auswahl bieten. Mit etwas Geduld und Sorgfalt hat man gute Chancen, den idealen Hund zu finden. Ausschlaggebend für eine Rasse ist, für welche Jagdart und für welches Revier der Jagdhund angeschafft wird. Verschaffen Sie sich einen Überblick über die Preisspanne, so daß Sie nach Ihren finanziellen Möglichkeiten auswählen können. In Tageszeitungen kommen meist nur die überzähligen Exemplare von unfreiwilligen Züchtern zum Angebot. Nimmt man sich die Zeit, mehrere Angebote anzuschauen, findet man relativ leicht den richtigen Gefährten zu einem vernünftigen Preis. Vorsicht und der Rat eines erfahrenen Jägers und Hundeführers ersparen jedoch so manche Enttäuschung. Es ist in jedem Fall zu empfehlen, selbst zum Züchter zu fahren, um sich von dessen Seriosität und den guten Zuchtbedingungen zu überzeugen.

Der Fachmann ist der bessere Ansprechpartner

Wenn man unbedingt eine bestimmte Rasse möchte, kann man sich an den Zuchtverein für diese Rasse oder den jeweiligen Regionalverband wenden. So kann man sicher sein, nur an Züchter rassereiner Hunde verwiesen zu werden. Es ist in jedem Fall besser, bei einem etablierten Züchter einen Welpen mit Abstammungsnachweis zu kaufen, selbst wenn das etwas teurer kommt. Meistens züchten sie gleich mehrere Jagdhundrassen, und außerdem hat man bei Problemen einen kompetenten Ansprechpartner.

Die Anschriften der dem Jagdgebrauchshundeverband angehörenden Zuchtvereine für Jagdhunde finden Sie auf den Seiten 115–116.

Wer einen Welpen für seinen jagdbegeisterten Vater sucht, läßt sich besser vom Fachmann beraten.

Die Auswahl der Rasse

Die richtige Rasse zu finden ist nicht einfach. Vor allem muß Ihnen der Hund gefallen, denn schließlich leben Sie mit ihm zusammen. Doch es gibt auch zahlreiche jagdbezogene Kriterien, die berücksichtigt sein sollten.

Heutzutage verzeichnet die »Fédération cynologique internationale« (FCI, internationale Rassehundvereinigung mit Sitz in Thuin/Belgien) knapp zweihundert Jagdhundrassen, nicht eingerechnet die Windhunde, die bei uns nicht zur Jagd verwendet werden. Es gilt also: Wer die Wahl hat, hat die Qual! Es kommt außerdem nicht oft vor, daß jemand während seines gesamten Jägerlebens einer einzigen Rasse treu bleibt. Meistens wird die Entscheidung für einen bestimmten Hund von den Lebensumständen beeinflußt, insbesondere durch die Familie oder die Jagdmöglichkeiten.

Erst informieren, dann entscheiden

Der Laie muß sich jedoch erst einmal kundig machen. Meistens liest er zuerst ein paar mehr oder weniger detaillierte, zuweilen nicht mehr ganz aktuelle Fachbücher, danach Artikel über die diversen Rassen in Fachblättern, und schließlich versucht er seine Meinung auf einer Hundeausstellung zu festigen. Gefällt ihm eine bestimmte Rasse besonders gut, wendet er sich an einen Züchter, der die Vorzüge genau dieser Rasse – die selbstverständlich die beste ist – besonders loben wird, und kauft schließlich einen Welpen, der schon bald der ganze Stolz seines neuen Besitzers sein wird. Das glaubt er zumindest. Um die Sache vernünftiger anzugehen und Enttäuschungen zu vermeiden, sollten Sie jedoch eine andere Vorgehensweise wählen.

Die künftige Verwendung ist ausschlaggebend

Die meisten domestizierten Arten haben sich aus den klimatisch-geographischen Gegebenheiten ihres Herkunftsgebietes einerseits und ihrer Verwendung andererseits entwickelt.
Auch für Jagdhunde gilt diese Regel. Jede Rasse wurde für eine bestimmte Verwendung ausgewählt und konnte sich so auf eine Landschaftsform oder Wildart spezialisieren. Im großen und ganzen kann man sagen, daß Vorstehhunde eher für Federwild und Laufhunde für Haarwild geeignet sind.
Retriever und Stöberhunde sind so vielseitig, daß sie sich für alle Arten von Niederwild eignen, manchmal sogar für Hochwild.
Terrier und Teckel schließlich sind ebenfalls Allrounder, allerdings mit einer besonderen Eignung für Haarwild und der Baujagd.

Am besten beim Jäger kaufen, der selbst züchtet

Neben diesen allgemeinen theoretischen Überlegungen ist aber auch die Abstammung wichtig. Sie gehen auf Nummer Sicher, wenn Sie einen Hund für eine bestimmte Wildart bei einem Jäger kaufen, der ebendieses Wild bejagt, anstatt sich auf die anerkannten Fähigkeiten der einen oder anderen Rasse zu verlassen. Der Züchter des zukünftigen vierbeinigen Gehilfen sollte außerdem die gleiche Jagdart ausüben wie man selbst. Auch das ist wichtig, denn bei der Zucht erfolgt die Auswahl im Hinblick auf das angestrebte Ziel, und was für die eine Jagdart von Vorteil ist, könnte sich bei einer anderen als nachteilig erweisen.

Im Buschwerk sind niederläufige Hunde (z. B. Spaniels, kleine Münsterländer oder die hier gezeigten Blauen Gascogner) am besten geeignet.

Wie alle Stöberhunde sind Cockerspaniel für fast alle Jagdarten geeignet.

Die Rasse muß an das Gelände angepaßt sein

Bei der Auswahl der Rasse muß auch das Gelände berücksichtigt werden, in dem der Hund eingesetzt werden soll. Kleinere Hunde sind gut für Buschwerk und Heidelandschaften geeignet, größere eher für freies Gelände, Sumpfgebiete, Unterholz oder lichte Wälder. In Gebirgs- oder Hügellandschaften müssen schwerere Hunde viel Gewicht bergauf tragen und bergab abbremsen, was zu verfrühtem Verschleiß führt. Hier macht sich ein kleinerer Hund gut, der außerdem den Vorteil hat, daß er wenig Platz braucht und somit leicht transportiert werden kann, denn viele fahren mit dem Auto zur Jagd. Im Gebirge ergibt sich ohnehin eine engere Auswahl an geeigneten Hunderassen. Auf Niederwild beispielsweise setzen die Jäger dort fast ausnahmslos Bracken ein, und als Nachsuchehund wird – Nomen est omen – der Bayerische Gebirgsschweißhund verwendet. Aus der großen Vielfalt der Rassen wird man mit Sicherheit diejenige auswählen können, die am besten zu einem paßt.

Bei Problemen darf man jedoch nicht gleich aufgeben und sich von einer Rasse abwenden, da natürlich zwischen den einzelnen Individuen einer Art zum Teil erhebliche Leistungsunterschiede auftreten können.

Vorstehhunde, insbesondere Pointer, sind Spezialisten für Federwild und deckungsarmes Gelände.

Rechtliche Bestimmungen

Egal ob Zwinger, Amateurzüchter, Verwandte oder Bekannte, die Formalitäten beim Verkauf eines Welpen sind überall gleich. Also Vorsicht vor übereifrigen Verkäufern.

Alle reinrassigen Jagdhunde, egal ob gekauft oder geschenkt, müssen mit einer Nummer tätowiert werden. Diese garantiert, daß eine in bezug auf Körperbau und Leistung einwandfreie Abstammung vorliegt. Sie wird zum einen in das Zuchtbuch des jeweiligen Rassevereins und zum anderen in das des Verbandes für das deutsche Hundewesen (VDH) eingetragen.

Vorgenommen wird die Tätowierung der Welpen im Alter von acht bis neun Wochen. Der Zuchtwart des Rassevereins oder ein von ihm Beauftragter kommt zum Züchter und nimmt die Markierung des Hundeohrs mit einer Nummer vor. Voraussetzung dafür sind sämtliche bis dahin fälligen Impfungen, die im Impfpaß jedes einzelnen Welpen dokumentiert werden müssen. Die Elterntiere müssen die von den betreffenden Vereinen gestellten Anforderungen an den Körperbau und die jagdlichen Leistungen erfüllen. Hunde mit konstitutionellen Mängeln, wie Zahnfehlern oder Hüftdysplasie, oder unerwünschten Eigenschaften, wie Wasserscheu oder Bissigkeit, werden in der Regel von der Zucht ausgeschlossen. Nach dem Zahnwechsel kann der Hund allerdings ein von der Zucht erwünschtes Gebiß erhalten, und die Papiere werden nachträglich geändert. Nach der Tätowierung erstellt der Jagdhundeklub den Abstammungsnachweis und schickt ihn dem Züchter zu. Er enhält den Namen und Geburtstag des Hundes, die Ohrnummer und eine Ahnentafel.

Tätowierungsnachweis und Impfpaß müssen dem Käufer eines Welpen ausgehändigt werden. Ist der Hund reinrassig, muß man außerdem eine Ahnentafel bekommen.

Ein ordnungsgemäßer Kaufvertrag

Er ist in Deutschland nicht gesetzlich vorgeschrieben. Man tut aber gut daran, insbesondere wenn einem der Züchter unbekannt ist, dennoch einen Kaufvertrag abzuschließen. Manche Rassevereine bieten Vordrucke, die alle wesentlichen Punkte enthalten. Ebenso gültig ist ein von beiden Parteien unterschriebenes, selbst verfaßtes Papier. Es sollte enthalten: das Verkaufs- oder Schenkungsdatum, den Ort des Vertragsschlusses, den Namen, den Geburtstag und die Rasse des Hundes sowie einen Vermerk über bereits durchgeführte Impfungen. Dazu den Kaufpreis und die Anschriften von Züchter und Käufer. Zweckmäßig ist auch die Vereinbarung einer Umtauschklausel, damit man den Hund beim ersten Tierarztbesuch auf erkennbare, körperliche Mängel untersuchen lassen und gegebenenfalls wieder zurückgeben kann. Beim Kauf übergibt der Züchter die Papiere und den Impfpaß an den Käufer und meldet den Eigentümerwechsel an den Zuchtwart des Jagdhundevereins. Mängel, die sich erst im Laufe der Entwicklung einstellen, z. B. Hüftdysplasie, sind in der Regel nicht regreßfähig.

Die vom jeweiligen Rasseverein ausgestellte Ahnentafel gibt Auskunft über die Abstammung des Welpen.

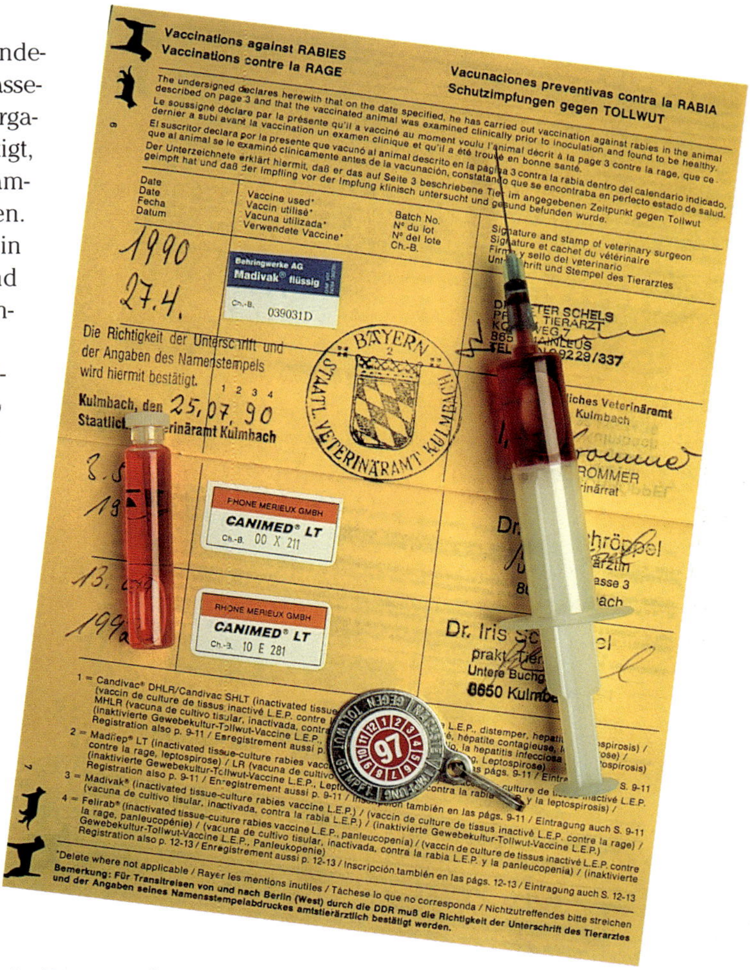

Vorsicht vor gefälschten Papieren

Nur die im Jagdgebrauchshundeverband zusammengefaßten Rassevereine unter der Dachorganisation des VDH sind berechtigt, offizielle Papiere mit Abstammungsnachweis auszustellen. Diese garantieren den Eintrag in das Deutsche Zuchtbuch und ordnungsgemäße Zuchtbedingungen.

Sollten Sie Zweifel über die Gültigkeit von Papieren haben, so setzen Sie sich am besten mit dem jeweiligen Zuchtverein in Verbindung. Ein Tierarzt kann Ihnen bestimmt die richtige Adresse verraten.

Vorsicht ist beim Kauf von Hunden aus dem östlichen Ausland geboten. Oft schon tauchten gefälschte Papiere auf, und der erforderliche Impfschutz war – besonders gefährlich – nicht gegeben.

Wichtig zu wissen ist, daß die Ahnentafel, die die Namen und Wurfdaten der Elterntiere bis zur Stufe der Urgroßeltern enthalten, je nach Rasseverein unterschiedlich aussehen kann. Bei einigen Rassen sind spezielle Veranlagungen und einzelne Prüfungsleistungen in den Ausweispapieren vermerkt. Insbesondere so geschätzte Eigenschaften wie Raubwildschärfe oder Spurlaut werden extra mit Abkürzungen notiert.

Bei den Prüfungen sind neben schwierigen Zuchtausleseprüfungen (die je nach Verein einen anderen Namen tragen) die Verbandsgebrauchsprüfung (VGP) zu nennen. Dieser zweitägige Test für Vorstehhunde ist gewissermaßen das »Abitur« für Jagdhunde; es umfaßt alle wichtigen Disziplinen.

Der Jagdgebrauchshundeverband bietet regelmäßig Seminare zu verschiedenen jagdlichen Themen an, in denen auch die jeweilige rechtliche Seite diskutiert wird. Auch die Landesjagdverbände der einzelnen Bundesländer bieten vergleichbare Symposien und Tagungen an. Die Termine der Verbandsprüfungen und Seminare erfahren sie beim JGV, den Landesverbänden und in den Fachzeitschriften.

Tätowierung

Durch seine Tätowierung ist schon so mancher verlorengegangene Welpe oder Hund wiedergefunden worden. Jeder, der ein tätowiertes Tier findet und dies der Polizei oder direkt dem Jagdgebrauchshundeverband meldet, kann über das Zentralregister mit dem Besitzer in Kontakt treten, dessen Name und Anschrift auf der der Tätowierungsnummer entsprechenden Registerkarte steht. Oft findet ein Hund innerhalb weniger Stunden so seinen Besitzer wieder. Ein Halter- oder Wohnungswechsel sollte also immer mitgeteilt werden.

Die Auswahl des Welpen

Auf die richtige Auswahl des Welpen kommt es an. Nicht nur das Aussehen ist ausschlaggebend, sondern auch der Charakter jeder Hundepersönlichkeit.

Beim Anblick eines schönen Wurfes stellt sich die schwierige Frage: Welchen Hund soll man wählen? In den ersten Lebenstagen gibt es noch keine entscheidenden Auswahlkriterien. Man kann sich höchstens für einen kräftigeren Welpen entscheiden, für ein bestimmtes Geschlecht oder eine besondere Zeichnung, wobei zu bedenken ist, daß bei dreifarbigen Rassen, insbesondere bei Mantelzeichnungen, die Welpen schwarzweiß zur Welt kommen. So früh kann man bestenfalls eine mißgebildete Rute und Gebißfehler wie Vor- oder Unterbiß feststellen. Erst nach der Entwöhnung von der Mutterhündin kann die eigentliche Auswahl erfolgen. Man sollte also keine übereilten Entscheidungen treffen, sondern den Welpen erst im Alter von drei bis sechs Monaten auswählen.

Auf gutes Gebäude achten

Auf den Körperbau muß besonders Wert gelegt werden. Bei allen Jagdhunden hängt die Leistung auch von den richtigen Proportionen ab. Hiermit sind keine Standards gemeint, sondern die Hauptmerkmale, die allen Rassen gemeinsam sind. Läufen und Pfoten z. B. sieht man ihre spätere Entwicklung schon früh an. Wichtig sind auch die Gelenke, denn sie sind das Räderwerk der künftigen Athleten. Die Beweglichkeit der Gliedmaßen muß intensiv geprüft werden. Auch die Proportionen der Knochen und die Rückenhaltung des Hundes geben Aufschluß, sie stimmen oft mit denen der Ahnen überein. Farbe und Beschaffenheit des Haarkleids hingegen können sich noch ändern, und die Größe kann lediglich mit der anderer Welpen desselben Wurfes verglichen werden. Einige Details sind also schwer vorherzusagen.

An die Gebrauchstüchtigkeit denken

Neben dem Körperbau ist noch ein anderer Faktor von Bedeutung: das Wesen des Hundes, d.h. die Art, wie er sich in alltäglichen wie auch in besonderen Situationen verhält und reagiert. Auch wenn sich bereits in den ersten Lebenstagen eine gewisse Hierarchie unter den Welpen einstellt, wird die endgültige Rangfolge erst ab dem vierten Monat festgelegt; erst dann kann der Charakter des jungen Jagdhelfers beurteilt werden. Für den Verhaltensforscher

Erst nach der Entwöhnung können die Eigenschaften beurteilt werden, die aus dem Hund einen effizienten Jagdgehilfen machen.

Bei einem jungen Wurf hat man die Qual der Wahl. Lediglich Geschlecht und Farbe können erste Auswahlkriterien sein.

Konrad Lorenz ist das Verhalten eines Tieres eine Kette von konditionierten Reaktionen, die zu einer bestimmten Handlung führen. Einfach ausgedrückt, wird dieses Verhalten beim Welpen durch verschiedene interne und externe Faktoren ausgelöst. Unter »Trieb« versteht man die Veranlagung, bestimmte Handlungen instinktiv zu verrichten, wie z. B. das Verfolgen einer Spur. »Motivation« ist die Bereitschaft des Hundes, eine bestimmte Handlung zu verrichten. Eine »Stimulierung« schließlich wird durch eine Veränderung des Umfeldes hervorgerufen, die einen bestimmten Sinn anregt und damit eine Handlung auslöst.

Bei den Jagdhunden haben sich die Sinnesorgane durch die Auslese an bestimmte Situationen angepaßt, so sind beispielsweise Schärfe und Nase angeboren. In der Praxis führt dies zu charakteristischen Verhaltensweisen und Fähigkeiten, den sogenannten »rassetypischen Jagdeigenschaften«.

Zu einer Beziehung gehören immer zwei

Wählt man aus einem Wurf einen Welpen aus, den man jagdlich verwenden möchte, muß man sein Verhalten genau unter die Lupe nehmen; es gibt Aufschluß über seine künftige Gebrauchstüchtigkeit. Auch in relativ kurzer Zeit läßt sich gut beobachten, wie er auf die Anwesenheit seines potentiellen Herrn reagiert. Geht man vor ihm in die Hocke und der Hund läuft weg, ist er wahrscheinlich scheu, was später problematisch werden kann. Bleibt er ruhig in seiner Ecke liegen, kann das auf einen ausgeglichenen Charakter schließen, aber auch Teilnahmslosigkeit bedeuten.

Kommt er näher, ist das ein Zeichen für Kontaktfreudigkeit, einer wünschenswerten Eigenschaft. Lebt der Welpe in einem Zwinger mit erwachsenen Artgenossen zusammen, sollte die Wahl auf denjenigen fallen, der den Kontakt zu den älteren Hunden sucht und sich auf die Seite oder den Rücken fallen läßt. Das ist eine Geste der Unterwürfigkeit, die für ein ausgeglichenes Wesen spricht.

Der Welpe muß gesund sein

Auch die Gesundheit ist ein wichtiger Aspekt. Seine Gesamterscheinung gibt hierüber rasch Aufschluß. Das Fell muß glänzen, der Blick fordernd, lebhaft und offen sein. Der Bauch darf nicht wie eine Kugel aussehen (Wurmbefall!). Der Welpe sollte immer einen guten Appetit haben, darf dabei aber nicht zu wählerisch sein oder beim Fressen trödeln.

Vom Züchter sollten Sie sich unbedingt den Impfpaß geben lassen, damit keine Auffrischungsimpfungen versäumt werden. Es wäre doch schade, wenn eine kleine Nachlässigkeit gravierende Folgen hätte.

Das Leben mit dem Herrn

Erstes Kennenlernen, Transport und Unterbringung

Es ist soweit, der neue Begleiter wird abgeholt! Das bedeutet jedoch auch einiges an Umstellung.

Nachdem der Kauf ordnungsgemäß vonstatten gegangen ist, geht es nach Hause. Für den Hund ist es wahrscheinlich die erste Autofahrt, das sollten Sie unbedingt bedenken. Leichter ist es, wenn sich eine Begleitperson (Kinder erst ab zehn Jahren) während der Fahrt um den Hund kümmert. Oder noch besser: Man läßt sich fahren oder zumindest nach Hause zurückfahren, dann kann man den Welpen selbst beruhigen. Ideal ist auch ein entsprechender Transportbehälter. In jedem Fall muß der Hund unabhängig vom Autotyp hinten sitzen und darf nicht nach vorne gelangen können.
Bei der Entdeckung seines neuen Zuhauses sind die ersten Minuten für den Hund ausschlaggebend, manchmal prägen sie sogar sein gesamtes weiteres Leben. Er darf auf keinen Fall traumatische Erfahrungen machen, die Eingewöhnung bei seinem neuen Herrn und die Trennung von der Mutter sollten so natürlich wie möglich ablaufen. Wird der Hund hingegen zu sehr verwöhnt, wird er nie das erforderliche Maß an Eigenständigkeit erlangen.

Sich ohne Härte durchsetzen

Der Neuankömmling muß jetzt seinen vorbereiteten Platz vorfinden und schnell seine Grenzen kennenlernen. Die Unterbringung in einem Zwinger vermeidet so manches Problem. Lebt er jedoch mit im Haus, darf man vor allen Dingen nicht weich werden und ihn unter dem Vorwand aufs Sofa lassen, er sei ja noch »ein Baby«. Es sei denn, man will es ihm hinterher wieder abgewöhnen. Nicht Strenge ist gefragt, sondern Gerechtigkeit. Ohne übertriebenen Enthusiasmus muß man ihn ein paar Tage im Auge behalten, bis er sich an sein neues Leben und seine neuen Freunde gewöhnt hat. Das ist zwar zunächst ein wenig anstrengend, er wird sich aber schnell neue Bezugspunkte schaffen. Im Hinblick auf die loyalen Dienste, die er später bei der Jagd leisten wird, ist das sicherlich keine verlorene Zeit. Am einfachsten ist es, wenn Sie ihn häufig beim Namen rufen und ihn dabei anschauen und streicheln. Auf diese Weise versteht er am besten, daß Sie sich für ihn interessieren.

Ein neuer Hund ist immer ein Grund zur Freude. Man sollte jedoch gut darauf vorbereitet sein.

Der erste Besuch beim Tierarzt

Der Tierarzt ist der »Hausarzt« des Hundes. Je eher er das Tier kennenlernt, desto besser kann er es betreuen.

Kommt ein Welpe neu ins Haus, sollte man ihn zunächst zum Tierarzt bringen. Der kleine Schützling wird dort gründlich untersucht.
Hierzu gehört das Messen der Körpertemperatur und des Blutdrucks, die Untersuchung auf Infektionen und die Kontrolle der Reflexe. Außerdem wird der Durchbruch der Milchzähne überprüft. Auch der Bewegungsapparat wird auf Mißbildungen untersucht. Diese Untersuchung muß allerdings bereits vom Zuchtwart vor der Ausstellung der Zuchtpapiere vorgenommen und in den Papieren vermerkt worden sein.

Die Untersuchung ist wichtig für später

All dies kann überaus wichtig werden, wenn der erwachsene Hund seine endgültige Ahnentafel bekommen soll. Auch die Augen und die Lider, insbesondere das dritte Augenlid, das der Mensch nicht hat, müssen untersucht werden. Bei hüftdysplasiegefährdeten Rassen macht der Tierarzt in Abhängigkeit von Alter und Verhalten des Hundes gegebenenfalls Röntgenaufnahmen. Unter Hüftdysplasie versteht man eine zu geringe Ausbildung der Hüftpfanne mit der Gefahr des Austritts des Hüftkopfs aus dem Gelenk (Luxation). Die Folge ist eine vorzeitige Abnützung (Arthrose). Hunde mit dieser Fehlbildung werden von der Zucht ausgeschlossen, da sie diese Anlage an ihre Nachkommen vererben.

Mit Entwurmung und Impfungen sicher in die Zukunft

Je nach Allgemeinzustand des Welpen untersucht der Tierarzt außerdem den Kot auf Befall durch Parasiten und behandelt den Hund im Bedarfsfall. Er nimmt den Impfpaß in Augenschein, falls vom Züchter ein solcher übergeben wurde, und schlägt eine geeignete Impfmethode vor. Nur der behandelnde Tierarzt kann unter Berücksichtigung der Ansteckungsgefahren am Wohnort die für den jeweiligen Hund am besten geeignete Impfmethode auswählen. Die Entscheidung für Einfach- oder Mehrfachimpfstoffe sollte somit dem Tierarzt überlassen werden.

Ein kleiner Transportbehälter erleichtert den ersten Besuch beim Tierarzt.

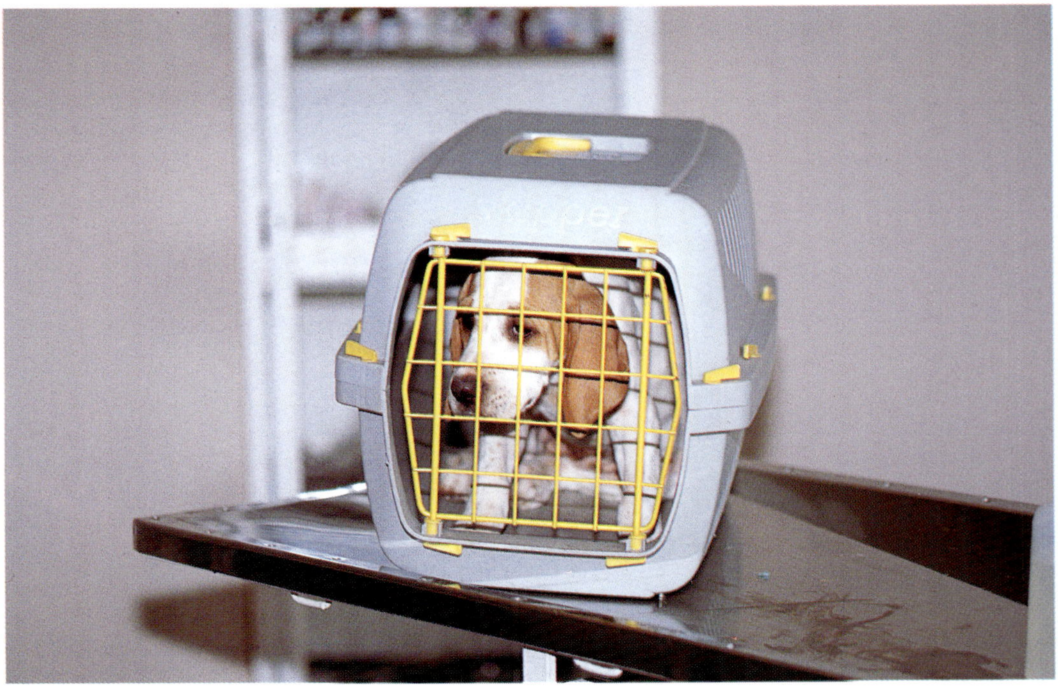

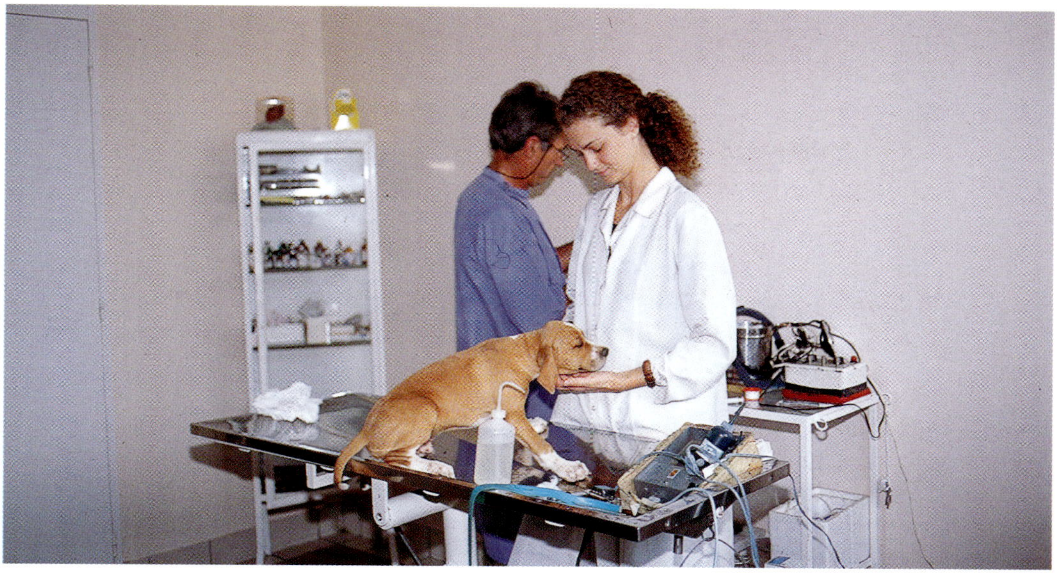

Ein Gesundheitsplan ist unablässig für einen guten Start ins Leben Ihres zukünftigen Jagdpartners.

Impfkalender

Erst- und Zweitimpfungen bei Junghunden bis zum ersten Lebensjahr	
mit 8–9 Wochen	Staupe (erstmalig) Hepatitis (erstmalig) Parvovirose (erstmalig) Leptospirose (erstmalig)
mit 3 Monaten	Parvovirose (zweitmalig)
volle 4 Monate	Staupe (zweitmalig) Hepatitis (zweitmalig) Parvovirose (drittmalig) Leptospirose (zweitmalig) Tollwut (erstmalig)
Auffrischungsimpfungen	
jährlich	Staupe Hepatitis Parvovirose Leptospirose Tollwut
jährlich oder alle zwei Jahre	Zwingerhusten
Schutzimpfungen	
L	Leptospirose
LT	Leptospirose, Tollwut
P	Parvovirose
PL	Parvovirose, Leptospirose
PLT	Parvovirose, Leptospirose, Tollwut
S	Staupe
SH	Staupe, Hepatitis
SHL	Staupe, Hepatitis, Leptospirose
SHP	Staupe, Hepatitis, Parvovirose
SHPL	Staupe, Hepatitis, Parvovirose, Leptospirose
SHPLT	Staupe, Hepatitis, Parvovirose, Leptospirose, Tollwut
SHLT	Staupe, Hepatitis, Leptospirose, Tollwut
T	Tollwut
Tet	Wundstarrkrampf
Z	Zwingerhusten

Die Ernährung in der Wachstumsphase

Gute Ernährung eines Welpen bedeutet, das Richtige in angemessener Menge zu füttern. Das ist wichtig für seine Zukunft, denn jeder grobe Fehler kann schwerwiegende Folgen haben.

Wenn Sie einen Welpen kaufen, sollten Sie den Züchter fragen, was er füttert. Bei professionellen Züchtern bekommt man oft eine Probe Fertigfutter mit, das ist ideal. Später können Sie die Ernährung des neuen Gefährten auf das Futter umstellen, das Sie selbst für richtig halten und das Ihr Geldbeutel hergibt, vorausgesetzt, diese Umstellung erfolgt schrittweise und über mehrere Wochen. Generell sollte der Welpe in seinem Napf appetitliches und leicht verdauliches Futter vorfinden. Im Vergleich zum erwachsenen Hund braucht er deutlich mehr Energie, Proteine und Mineralstoffe. Außerdem hat er noch nicht seine endgültigen Zähne, weshalb das Futter keine zu großen oder zu harten Stücke enthalten sollte. Für den Anfang können Sie aus ungesüßter Kondensmilch, Hackfleisch und Reis oder Brot einen Brei zubereiten. Industriell hergestellte Fertignahrung ist jedoch einfacher zu verwenden.

Aus hygienischen Gründen sollte der Brei für die Welpen jeweils frisch angerührt werden und nicht länger als eine Viertelstunde stehenbleiben.

Spezielles Hundefutter ist zwar teurer, aber eine sichere Lösung

Im Handel gibt es Dosenfutter speziell für Welpen, das entsprechend viel Energie, Proteine und Mineralien liefert. Die Hersteller bieten auch Trockenfutter oder Breipulver zum Anrühren an. Fällt die Entscheidung zugunsten von Trockenfutter, das leichter zu handhaben ist, können Sie ein paar Wochen lang mit warmem Wasser angerührtes Milchpulver, in vom Tierarzt bzw. vom Hersteller empfohlener Menge zufüttern. Kuhmilch und normales Milchpulver sollten vermieden werden, da sie in ihrer Zusammensetzung nicht dem Bedarf eines Welpen entsprechen, es sei denn, man gibt, wie vielfach empfohlen wird, ein Eigelb hinzu. Wenn Sie in der Folgezeit das Futter selbst zubereiten möchten, können Sie z. B. aus 50 % gekochtem Reis, 30 % magerem Rindfleisch, 15 % Gemüse und 5 % Multivitaminpräparat einen Brei anrühren. Bei fettem Fleisch nimmt man 45 % Fleisch, 25 % Reis, 25 % Gemüse und 5 % Vitaminpräparat. Der Anteil an fettem Fleisch wird also erhöht, um den hohen Eiweißbedarf des Welpen zu decken, da das Fett jedoch mehr Energie liefert, wird der Reisanteil entsprechend verringert. Unbedingt zu vermeiden ist das Verfüttern von Schweinefleisch, insbesondere von rohem, da es die gefährliche Anjetzkysche Krankheit übertragen kann.

Gesunde Ernährung und Bewegung, eine sportliche Lebensweise

Die richtige Tagesration für den jungen Hund ist mit am schwersten zu bestimmen. Am besten messen Sie seine Portion noch nicht ab, lassen ihm seinen Futternapf aber jeweils höchstens eine Viertelstunde. Unabhängig von der Art des Futters braucht er bis zum Alter von sechs Monaten dreimal, bis zu einem Jahr zweimal täglich zu Fressen. Größere Rassen kann man bis zum Alter von 18 Monaten oder auch länger zweimal täglich füttern, um die Nahrung über den Tag zu verteilen und Verdauungsprobleme oder gar Magenkrämpfe zu vermeiden, die auftreten können, wenn der Hund zuviel

In den ersten Lebensmonaten reicht Spielen an Bewegung völlig aus.

auf einmal frißt. Während der gesamten Wachstumsphase darf er keine Essensreste vom Tisch bekommen, sonst fängt er schnell zu betteln an, was ihm nur schwer wieder abzugewöhnen ist. Neben einer gesunden Ernährung braucht der zukünftige Jagdhelfer auch genügend Auslauf. Bis zu sechs Monaten ist das Spielen Bewegung genug für seine körperliche Entwicklung. Danach sollten Sie regelmäßig mit ihm spazierengehen. Für halb- bis einjährige Hunde genügen fünf- bis sechsmal pro Woche jeweils 15–20 Minuten, plus die ersten Ausbildungseinheiten sowie Gehorsam und Stubenreinheit. Ein paar Monate vor Beginn der ersten Jagdsaison können Sie die Spaziergänge jeden zweiten Tag auf jeweils 30–40 Minuten ausdehnen, damit sich der Körper des Hundes an eine längere Anstrengung gewöhnt.

Frisches Wasser nicht vergessen

Auch wenn richtige Ernährung die Hauptsache ist, darf man nicht vergessen, daß auch der Körper des Hundes zum Großteil aus Wasser besteht. Die in der Nahrung enthaltene Flüssigkeit muß also durch Trinkwasser ergänzt werden. Der Welpe muß ständig über frisches Wasser verfügen, das mindestens einmal täglich gewechselt und in einem eigenen, an einem mäßig temperierten Ort plazierten Trinknapf angeboten wird.

Füttert man die Welpen mit Trockenfutter, können sie in den ersten ein bis zwei Monaten auch Milch bekommen.

Die Grundausbildung

Die Bedeutung einer guten Erziehung liegt auf der Hand. Geht man sie richtig an, ist sie der Grundstock für die spätere Abrichtung.

Einen jungen Hund zu erziehen bedeutet gewissermaßen, ihm Manieren beizubringen. Doch in erster Linie werden dadurch die Grundlagen für die Kommunikation zwischen zwei Lebewesen gelegt, der Hund wird sozusagen handsam gemacht. Neben der praktischen Bedeutung ist diese Erziehung Voraussetzung für die spätere Abrichtung. Es geht also nicht darum, den Hund zu dressieren und seinen Willen zu brechen, sondern eine Partnerschaft aufzubauen, die auf ein paar einfachen Prinzipien beruht.

Den Hund kennenlernen

Damit der Hund ein treuer Begleiter und später ein effizienter Jagdhelfer wird, muß man zunächst den Charakter des Welpen erkennen und verstehen lernen. Jeder Hund hat seinen eigenen Charakter. Das so geschaffene Vertrauensverhältnis bestimmt die spätere Beziehung zwischen den beiden Partnern.

Zweifellos müssen Sie dem Hund als erstes Gehorsam durch Autorität beibringen. Er braucht von Natur aus einen Herrn, der zwar Güte und Zuneigung zeigen darf, aber dennoch ein Leittier sein muß. Hier dürfen keine Mißverständnisse aufkommen. Der Herr muß in jeder Situation ruhig handeln und darf seinen Mißmut und seine Enttäuschung nicht zeigen, wenn der Hund ein Kommando nicht versteht.

Wichtig ist auch, daß der Hund auseinanderhalten kann, wann Sie nur seinen Namen rufen und wann er herankommen soll. Er muß lernen, daß sein Name kein Kommando ist, das »komm her« bedeutet, sondern daß man ihn nur anspricht. Am besten lassen Sie in einem Gespräch, in dem es nicht hauptsächlich um den Hund geht, ein paarmal seinen Namen fallen, damit er lernt aufmerksam zu sein, ohne jedesmal gleich herzukommen, wenn er seinen Namen hört.

Gerechtigkeit und Konsequenz

Schlechte Angewohnheiten sind dem Hund generell nur schwer wieder auszutreiben, besser ist es, wenn Sie diese mit ein wenig Aufmerksamkeit erst gar nicht einreißen lassen. Sie sollten also versuchen, den Hund nicht erst in Versuchung zu führen.

Es ist ganz normal, daß sich ein junger Hund für alles interessiert. Wenn die Pantoffeln jedoch aufgeräumt sind, kommt er nicht auf die Idee, sie herauszuziehen. Ebenso wird er im Zwinger seinen Futternapf nicht anknabbern, wenn Sie diesen systematisch nach dem Füttern herausnehmen.

Die erste Bindung, die zwischen Welpe und Herr entsteht, ist oft ausschlaggebend für das ganze Leben.

Durch den Auslauf, insbesondere nach den Mahlzeiten, lernt der junge Hund, sein Geschäft nicht in der Wohnung zu verrichten.

Spaziergänge sind besonders gut zur Erziehung geeignet. Der Gang an der Leine verbindet den jungen Hund mit seinem Herrn. So wird sein natürlicher Drang zur Unterordnung angeregt, was bereits ein wichtiger erster Schritt ist. Er ist nicht sich selbst überlassen, lernt Gehorsam und erfährt den »Kontakt« mit seinem Herrn. Für die Jagd ist später intensive, wechselseitige Aufmerksamkeit erforderlich.

Jeder Hund hat seinen eigenen Rhythmus

Man darf die Dinge jedoch keinesfalls überstürzen. Die Erziehung, um nicht zu sagen die pädagogischen Bemühungen, müssen immer dem Alter und den Fähigkeiten des jeweiligen Hundes angepaßt sein.

Der Hund braucht Zeit, um zu reifen. Eine Übung muß so lange wiederholt werden, bis er sie verinnerlicht hat und das Kommando des Herrn automatisch mit einem bestimmten Verhalten verbindet. Es sollten nur kurze, einfache und prägnante Wörter gebraucht werden. Wenn der Hund sich bemüht, verdient er Anerkennung. Auch wenn seine Bemühungen nicht immer zum gewünschten Erfolg führen, sollten Sie ihn durch ein freundliches Wort zum Weitermachen ermutigen. Neben diesen Grundprinzipien gibt es noch das Verbot durch das Wort »Nein«. Das ist schnell gelernt und in vielen Fällen nützlich.

Doch die Erziehung soll nicht nur aus Verboten bestehen; der Hund muß auch lernen, auf die Kommandos »Voran (Lauf)!« oder »Allez!« zu reagieren. Sein Naturell und sein zukünftiger Gebrauch als Jagdhund machen eine auf Gehorsam basierende Erziehung notwendig.

Stubenreinheit

Zugegebenermaßen ist Stubenreinheit bei Tieren unnatürlich. Sie müssen mit einem Welpen also viel Geduld aufbringen. Nur durch häufigen Auslauf lernt er, sein Geschäft draußen zu verrichten. Einfacher wird es, wenn man weiß, daß er am Morgen und nach den Mahlzeiten hinaus muß. Die Auslaufzeiten sollten also an seinen Tagesrhythmus angepaßt sein.

An seinem ersten Tag im neuen Zuhause sollten Sie ihn als erstes dorthin führen, wo er in Zukunft sein Geschäft verrichten soll, bevor Sie ihn ins Haus lassen. Danach müssen Sie ihn noch einige Zeit im Auge behalten. Macht er Anstalten, den Boden zu beschnüffeln, sich um die eigene Achse zu drehen und sich hinzukauern, tragen Sie ihn einfach nach draußen und loben ihn, wenn er sein Geschäft verrichtet hat.

Spaziergänge sind gut geeignet, dem Hund etwas beizubringen. Oft macht er bei diesen Gelegenheiten auch seine ersten Jagderfahrungen.

Wie Sie den Alltag mit Ihrem Hund organisieren

Oft ist der Jagdhund auch der Begleiter der ganzen Familie. Daher müssen Sie sich gut organisieren, besonders am Wochenende und im Urlaub.

Für Laufhunde, die traditionell im Zwinger gehalten werden, ist die Abwesenheit des Herrn meistens kein Problem.

Seit der Hund Partner des Jägers ist, also seit Jahrtausenden, ist er auch sein Begleiter im täglichen Leben. Während er früher in der gleichen Unterkunft hauste wie sein Herr, hat sich heute die unmittelbare Bindung zwischen Mensch und Tier durch die Zivilisation verändert. Was früher ganz normal war, ist heute nicht mehr vorstellbar. Unsere Lebensumstände verändern sich ständig, so daß der Platz des Jagdhundes im sozialen Gefüge seines Herrn ständig neu definiert werden muß.

Den Hund auch mal alleine lassen

Ideal ist ein kleiner Zwinger oder zumindest ein Raum oder eine Garage, wo der Hund die Nacht und den Teil des Tages verbringen kann, wenn alle bei der Arbeit oder in der Schule sind. Schwieriger wird es an Wochenenden oder gar in der Urlaubszeit, denn Sie können den Hund wahrscheinlich nicht überall mitnehmen. Wenn er dennoch mitkommt, darf das weder für den Herrn noch für den Hund in einen Alptraum ausarten. So sollte er niemals alleine im Auto bleiben, wenn die Familie ins Restaurant geht. Ist das absolut nicht zu vermeiden, muß er in einen geeigneten Transportkorb; das Auto muß unbedingt im Schatten stehen, die Fenster bleiben einen Spalt geöffnet. Man darf auch nicht vergessen, daß sich der Sonnenstand ändert.

Soll der Hund mit in den Urlaub, müssen Sie sich vorher erkundigen, ob der vierbeinige Gefährte am Urlaubsort auch willkommen ist.

Darf man den Hund in Pflege geben?

Bei Abwesenheit von mehr als zwei Tagen ist es manchmal besser, den Hund in Pflege zu geben. Das hinterläßt jedoch nicht gleich bleibende Schäden, denn das Leben des Hundes ändert sich in jedem Fall, ob er nun auf die Reise mitkommt oder zu Hause betreut wird. Ihn Verwandten, Nachbarn oder Freunden anzuvertrauen, ist mit Sicherheit die einfachste und billigste Lösung. Vielleicht findet sich sogar jemand, den der Hund bereits kennt, z. B. ein befreundeter Jäger. Die einzige Gefahr besteht in diesem Fall darin, daß der Betreuer um jeden Preis die Gunst des Hundes zu erwerben sucht, und dieser schlechte Angewohnheiten annimmt. Wenn Sie jedoch unnachgiebig bleiben, kommt normalerweise alles wieder in die vertraute Ordnung, sobald das familiäre Umfeld wiederhergestellt ist. Ein Hund, der von Anfang an im Zwinger lebt, kann auch im Urlaub dort bleiben, wenn mehrmals täglich ein Betreuer kommt und ihn füttert und spazierenführt.

Ist der Hund Trocken- oder Dosenfutter gewöhnt, erleichtert das dem Betreuer die Arbeit, und man braucht nur die nötigen Vorräte anzulegen, damit der Hund weiterhin das gleiche Futter bekommt. Ist er jedoch individuell zubereitetes Futter gewöhnt, ist es besser, ihm in den vier Wochen vor dem Urlaub immer mehr Trockenfutter unterzumischen, das sich außerdem leichter und sauberer verabreichen läßt.

Heutzutage gibt es zahlreiche Zwinger mit Hundepension, die eine sehr gute Urlaubslösung sind, Qualität natürlich vorausgesetzt.

Eine Hundepension ist zwar teurer, aber auch sicherer

Den Hund bei einem Profi in Pension zu geben, ist mit Abstand die beste Lösung, vorausgesetzt Sie holen vorher die nötigen Informationen ein, wie man es auch für seinen eigenen Urlaub tut. Sie können z. B. den Tierarzt oder einfach den Züchter fragen, bei dem Sie den Hund gekauft haben. Oft nehmen sie auch Hunde in Pension. In jedem Fall sollten Sie die Einrichtung Ihrer Wahl jedoch vorher besichtigen. Wenn Sie den Hund hinbringen, sollten Sie sich überzeugt zeigen, daß es für alle die beste Lösung ist, sonst überträgt sich die eigene Unruhe auf den Hund. Eine gute Möglichkeit ist auch, ihn bereits zwei bis drei Tage vor der Abfahrt hinzubringen, dann kann man sich vergewissern, daß es ihm gutgeht, und beruhigt in den Urlaub fahren. Außerdem ist der Hund ein Meutetier, und genauso wie der Mensch im Urlaub Freundschaften schließt, ist der Hund bestimmt auch froh, einmal unter seinesgleichen zu sein.

Ist die Wahl auf einen Züchter gefallen, der auch abrichtet, ist das eine gute Gelegenheit, den Schützling weiter für die Jagd ausbilden zu lassen. Die Ausbildungsphase bei einem Abrichter sollte jedoch mindestens zwei bis drei Monate andauern, um dem Hund auch Zeit zu geben, etwas zu lernen. Eine Abwesenheit oder Urlaub des Eigentümers kann dann in diese Zeit gelegt werden. Um unangenehme Überraschungen zu vermeiden, sollten Sie sich schriftlich geben lassen, was die Abrichtung kosten wird.

Bei Urlaub auf dem Land, im Ferienhaus oder bei Verwandten kann der Vierbeiner oft ohne große Probleme mitgenommen werden.

Vorbereitung auf die Jagd

Die Grundprinzipien der Abrichtung

Das Abrichten eines Junghundes auf seine zukünftige Aufgabe als Jagdhelfer will gelernt sein. Um seine natürlichen Anlagen nutzbringend einzusetzen, braucht man eine solide Grundlage.

Bei der Erziehung eines jungen Hundes ist es leicht, sein Vertrauen zu nutzen, um gewisse Dinge zu erreichen. Umgekehrt dürfen Sie sein Vertrauen keinesfalls enttäuschen, das ist eine wichtige Regel. Während dieser Lehrzeit sind Gerechtigkeit und eine saubere Zuteilung der Aufgaben gefragt. Irren ist menschlich, aber auch der Hund macht Fehler und darf deshalb nicht blind für alles bestraft werden. Das Grundprinzip der Abrichtung besteht darin, ihm einige mehr oder weniger natürliche Verhaltensweisen beizubringen. Dazu sind bestimmte Kommandos nötig, auf die dann entweder eine Belohnung oder eine Korrektur folgt.

Diese Befehle können auf dreierlei Weise ausgedrückt werden. Mit der Stimme und einer dazugehörigen Geste auf kurze Distanz, mit einem Hilfsmittel wie der Trillerpfeife für Vorstehhunde, Stöberhunde und Retriever, oder mit einem Horn für Laufhunde und Terrier, wenn der »Lehrling« weit vom Hundeführer entfernt ist. In der ersten Zeit genügen Geste und Stimme, zumindest solange die Jagdtätigkeit als solche noch nicht trainiert wird. Zur besseren Verständlichkeit muß die Stimmlage immer mit der Gestik übereinstimmen, denn Hunde reagieren sehr gut auf unterschiedliche Körperhaltungen, die auch ihr Verhalten untereinander prägen. Nur ein klarer Befehl ist ein guter Befehl. Die Botschaft muß so kurz wie möglich und immer mit den gleichen Worten ausgedrückt werden, damit dies zu einer Art Code wird.

Geeignete Hilfsmittel

Die Belohnung besteht meistens aus einer kleinen Leckerei, Streicheleinheiten und einigen netten Worten. Ein kleines Stück trockener Käse oder ein Hundekuchen reichen vollkommen aus. Sie können genausogut auch ein bißchen Trockenfutter nehmen. Der Hund darf jedoch nicht allzusehr verwöhnt werden. Hat er sich während einer Übungseinheit mehrere Belohnungen verdient, wird die Übung abgebrochen und zu einem späteren Zeitpunkt wiederholt. Der Hund soll außerdem verstehen, daß er die in Aussicht gestellte Belohnung immer erst nach getaner Arbeit bekommt.

Fehlerkorrektur ohne Trauma

Fehlverhalten zu korrigieren ist immer ein heikles Thema. Es ist wichtig, daß nur dann korrigiert wird, wenn der Hund das Kommando zwar verstanden hat, sich aber weigert, es auszuführen, auf keinen Fall jedoch, um ihm etwas Neues beizubringen.

Außerdem lernt kein Hund »im Fluge«, sondern Schritt für Schritt. In jedem Fall muß die Korrektur sofort und in kurzer, angemessener Form erfolgen. In manchen Fällen kann sie auch durch einen starken Tadel oder eine Strafe ersetzt werden, doch sind dann die Nebeneffekte der gewählten Maßnahmen zu

Die Belohnung, hier ein Stück Käse, ist das beste Mittel, den jungen Hund bei der Abrichtung zu motivieren.

Teletakt-Halsbänder gehören bei professionellen Abrichtern mittlerweile zum Standard bei der Hundeausbildung.

bedenken. Wenn Sie beispielsweise den Hund zur Strafe in den Zwinger stecken, empfindet er diesen möglicherweise als Gefängnis, was unbedingt vermieden werden sollte. Strafe durch Schlagen sollte ebenfalls nie erfolgen, ein Schütteln am Genick ist wesentlich geeigneter.

Gehorsam

Der Dreh- und Angelpunkt der Abrichtung ist und bleibt der Gehorsam des Hundes gegenüber seinem Herrn. Vom ersten Kontakt an sollte also ein Vertrauensverhältnis geschaffen werden, das diese Unterordnung erleichtert. Wie jedes Lebewesen, das in einem zivilisierten Umfeld heranwächst, muß der junge Hund außerdem seine Grenzen kennen. Lebt er in der Wohnung des Herrn, was oft das Privileg der Vorstehhunde, Stöberhunde und Retriever ist, gibt es hierfür genügend Gelegenheiten, und der Hund wird um so schneller begreifen.

Für Hunde, die in einem Zwinger oder einem eigenen Raum leben, muß man den Auslauf, sämtliche Spaziergänge und die Mahlzeiten nutzen, um die Rangordnung festzulegen, denn um nichts anderes geht es. Einer muß das Leittier sein, und wenn nicht der Herr, dann der Hund. Doch das hätte weitreichende Konsequenzen.

Teletakt – was ist davon zu halten?

Dieses Hilfsmittel der modernen Technik findet man im Fachhandel und im Annoncenteil der Jagdzeitschriften. Professionelle Abrichter benutzen es, für den Amateur, zumindest für den unerfahrenen, ist es jedoch nicht zu empfehlen. Es erfordert einiges an Erfahrung und perfekte Kenntnisse der Hundepsyche. Eine einzige Fehlbedienung kann bei manchen Hunden dramatische Folgen haben.
Einem erfahrenen Abrichter wird es hingegen so manche Situation erleichtern. Zum Beispiel wenn man einen widerspenstigen Vorstehhund daran hindern will, dem Wild nachzuhetzen, oder wenn ein Laufhund Spurtreue entwickeln soll.

Der Ernst des Lebens beginnt

Auf die Grundausbildung folgen die ersten Erlebnisse mit dem Wild in der Natur. Außerhalb von Revieren unterwegs sein zu können hat den Vorteil, daß Sie dem Hund freilebendes Wild zeigen können, was die Instinkte stärker anregt. Dies darf natürlich nur im eigenen Revier oder mit Billigung eines Revierpächters erfolgen. Professionelle Hundeabrichter arbeiten das ganze Jahr über und haben einen vorgegebenen Zeitrahmen, ein Amateur kann jedoch im eigenen Rhythmus vorangehen, der oftmals weniger intensiv und für Hund und Herrn angenehmer ist. Hier können Sie sich also Zeit lassen, das ist ja selten genug. Der Jagdtrieb ist etwas Natürliches, er kann mehr oder weniger spontan durchbrechen, Sie müssen es nur abwarten. Nur in geeigneten Situationen werden die wahren Fähigkeiten eines Hundes zutage treten. Sie dürfen aber in keinem Fall vergessen, daß ein junger Hund noch nicht voll entwickelt ist und manche länger brauchen als andere.

Im Laufe der Ausbildung können gerufene Kommandos durch die unentbehrliche Hundepfeife ersetzt werden.

Die wichtigsten Kommandos

Wenn der Hund gehorchen soll, müssen die Befehle verständlich sein. Der Einfachheit halber sollte die Abrichtung also auf einigen Schlüsselkommandos beruhen.

Wer seinen jungen Hund selbst abrichtet, sollte sich möglichst einfach, aber vor allem klar ausdrücken, denn eine gute Kommunikation zwischen Lehrling und Meister ist der Schlüssel zum Erfolg. Außerdem dürfen Sie nicht vergessen, daß der Hund nur Befehle kennen kann, die Sie ihm vorher beigebracht haben, und daß es absolut nutzlos und lächerlich, wenn nicht gar schädlich ist, sich zu einer Schimpftirade hinreißen zu lassen. Das verwirrt den Hund und er würde sich sowieso nur die damit verbundene Körpersprache merken. Der Einfachheit halber können Sie sich also auf zwei einfache Wörter beschränken: »Nein«, um ein Verbot auszudrücken und »Pfui«, um ihn zu mäßigen.

Der Situation angepaßte Kommandos

Noch bevor der Lehrling seine Fähigkeiten bei der Jagd unter Beweis stellen darf, muß er lernen, welche Befehle ihn in seine Schranken weisen. Die einfachste Methode besteht darin, ihm ein Kommando beizubringen, das schlicht und ergreifend ein Verbot bedeutet. »Nein« scheint sich hierfür besonders gut zu eignen. Wenn der Hund mit im Haus lebt, gibt es bestimmt genügend Gelegenheiten, ihm etwas zu verbieten, und er wird das Kommando bald kennen.

Um den Lernprozeß etwas zu beschleunigen können Sie ihm mit »Nein« beibringen, eine Leckerei zu respektieren und sie erst zu nehmen, wenn er den Befehl »Nimm« bekommt. Dieser eindeutige Befehl verhindert später, daß er Tierarten nachstellt, die er nicht jagen darf, wie z. B. Singvögel.

Die Verfeinerung der Befehle

Sobald das »Nein« sitzt, können Sie das Kommando mit »Pfui« nuancieren, das den Hund zur Mäßigung aufruft. Dafür ist eine Situation gut geeignet, in der der Hund zögert, wie er sich verhalten soll. Ein langgezogenes »Pfui« wird ihn wieder zur Vernunft bringen und gehorsam machen. Ist der Hund beispielsweise drauf und dran, Dummheiten zu machen, erinnert ihn das »Pfui« an das, was er schon über »Nein« gelernt hat, nämlich daß er dieser Laune besser nicht nachgeben sollte. Auch wenn er seinen Herrn allzu temperamentvoll begrüßt, kann ihn ein »Pfui«, gegebenenfalls ergänzt durch »Sitz«, schnell zur Vernunft bringen. Im Revier schließlich ist es sehr praktisch, um den Hund am Nachhetzen zu hindern oder ihm sicheres Durchstehen beizubringen.

Der Welpe muß rasch lernen, das Wild zu achten. Das ist ein Anwendungsbeispiel für »Pfui«, das ihn in Gegenwart eines Vogels zur Zurückhaltung ermahnt.

»Sitz« und »Down«

Für das Aufstöbern von Wild ist das Temperament des jungen Jagdhundes gefragt. In allen anderen Situationen muß er sich jedoch beherrschen können und auf Kommando »Sitz« machen oder in Downlage fallen.

Im Revier darf der Hund nie sich selbst überlassen sein, Sie müssen ihn jederzeit unter Kontrolle haben. Dazu muß er lernen, auf das entsprechende Kommando hin eine bestimmte Lage einzunehmen, also sich hinzusetzen oder hinzulegen, was in der Fachsprache »in die Downlage fallen« genannt wird.
Diese beiden Positionen können sich im Training durchaus gegenseitig ergänzen. Es gibt mehrere Methoden, dem Hund »Sitz« beizubringen. Am besten halten Sie ihm den Kopf etwas hoch, indem Sie eine Hand unter seinem Kinn plazieren, und geben gleichzeitig das Kommando »Sitz«. Sie können auch seine Kruppe niederdrücken, aber dabei neigen etwas sture Hunde manchmal dazu, sich steif zu machen anstatt sich hinzusetzen.

Wenn der Hund das Kommando »Sitz« bekommt, muß er in dieser Lage verharren und darf sie erst bei einem erneuten Befehl wieder verlassen.

Ein eindeutiges Kommando

Das englische Kommando »Down« bzw. auf deutsch »Halt« oder »Platz« ist allgemein gebräuchlich und befiehlt dem Hund, sich hinzulegen und vor allem in dieser Lage zu verharren. Auch wenn dieses Kommando in der Jagdpraxis nur einen relativen Nutzen besitzt, ist es zumindest das beste Mittel, den Hund jederzeit unter Kontrolle zu halten, hat also einen wichtigen Erziehungswert. Sie können das Kommando »Down« auch mit einer Art Schalter vergleichen, durch den jegliche Handlung des Hundes unterbrochen wird.

Die Downlage symbolisiert die Unterordnung des Hundes; er muß den Kopf auf den Boden legen und verharren.

Absolute Unterordnung

Sowohl bei »Sitz« als auch bei »Down« wird der Hund daran gehindert sich zu bewegen. »Sitz« sollte dem Hund spielend und ohne großen Zwang beigebracht werden. Schrittweise wird der Hund dazu abgerichtet, den Befehl auch aus der Ferne und mit Handzeichen zu befolgen. Die Ausbildung hat konsequent zu erfolgen: Ein Nichtbefolgen eines Kommandos hat die Wiederholung der betreffenden Übung zur Folge, solange bis sie der Hund beherrscht. Ein gut ausgebildeter Hund wird selbst ohne Leine beim Stehenbleiben des Herren sitzen.
Eine absolute Unterordnung wird nur durch das Kommando »Down« erreicht. Die erhobene Hand in Verbindung mit einer Triller- oder Hundepfeife ist die strengste Einwirkung auf einen Hund, der daraufhin sofort in die Downlage gehen muß.

Die Leinenführigkeit

Einen jungen Hund an die Leine zu nehmen ist ein ausgezeichnetes Mittel, ihn zu sozialisieren. Im Jagdrevier wird das sehr nützlich sein.

Der schlimmste Fehler beim Versuch, einem jungen Hund Leinenführigkeit beizubringen, besteht darin, ihn so lange anzuleinen, bis er nachgibt. Natürlich wird er sich irgendwann beruhigen und seinem Herrn letztendlich folgen, aber zu welchem Preis! Besser sind sanftere Methoden, damit der Hund in Ruhe und mit Freude lernt, an der Leine zu gehen. Ein guter Anfang ist, den jungen Hund ein Halsband tragen zu lassen. Das ist ganz einfach, man muß es ihm nur umlegen. Es erscheint vielleicht lächerlich, ist aber ein wichtiger Schritt, der einfach zu erreichen ist.

Kurze, aber regelmäßige Spaziergänge sind die beste Übung.

Der erste Kontakt mit der Leine
Ein guter Trick ist, ein Stück Kordel von ca. 1 m Länge bzw. seine Leine an das Halsband zu binden, diese aber zunächst hinterherschleifen zu lassen. So lernt er, daß er nicht völlig ungebunden ist, aber nachdem er trotzdem eine gewisse Bewegungsfreiheit hat, gewöhnt er sich schneller daran, als wenn Sie das Seil festhalten. Bei den ersten Übungen mit gehaltenem Seil sollten Sie dieses so kurz wie möglich fassen. So kann der Hund keinen Schwung holen, um sich mit voller Kraft in die Leine zu werfen. Außerdem spürt er so die kleinste Bewegung seines Herrn und lernt Gehorsam, was die weitere Abrichtung deutlich erleichtert.

Einige Lockerungsübungen
Im allgemeinen ist der Hund bei den ersten Spaziergängen an der Leine etwas nervös. Sie sollten dann öfters die Richtung wechseln, damit er sich mehr darauf konzentriert, wohin er geführt wird, und die Leine leichter vergißt. Durch Spaziergänge von ein paar Minuten täglich begreift er bald, daß Halsband und Leine einen Spaziergang mit seinem Herrn bedeuten, und freut sich, wenn der Herr sie zur Hand nimmt. Um das Gehen bei Fuß zu üben, lassen Sie ihn in der ersten Zeit hinter sich gehen und halten ihm ein Stöckchen vor die Nase. Später darf er neben dem Herrn gehen. Nachdem das für ihn etwas Besonderes ist, wird er fragend dreinblicken. Ein liebevolles Streicheln genügt dann, um ihn an der Seite zu behalten.

Ein am Halsband festgebundenes Seil von 1 m Länge gewöhnt den Hund an das Gehen an der Leine.

Die Suche

Bei der Suche versucht der Hund Wild aufzuspüren. Wenn manche Hunde leichter etwas finden als andere, dann deshalb, weil sie es besser gelernt haben, ihre angeboren gute Nase zu gebrauchen.

Damit der Hund gute Dienste leistet, kann so gut wie jeder folgende Übung durchführen: die Quersuche. Bei Erreichen des Jagdreviers lassen Sie den Hund nahe bei sich bei »gutem« Wind, d. h. gegen den Wind, hinsetzen, nehmen ihm die Leine ab und halten ihn 30 Sekunden bis eine Minute ruhig. Dann »jagen« Sie ihn abwechselnd nach links und rechts, rufen »los, los«, klatschen dabei in die Hände und begleiten ihn ein paarmal hin und her. Sie lassen ihn so ein paar Dutzend Meter laufen, rufen ihn dann mit zwei kurzen Pfiffen zurück und laufen selbst in die entgegengesetzte Richtung. Bei den Pfiffen hebt der Hund den Kopf und läuft seinem Herrn in die andere Richtung nach.

Den Hund anfeuern

Sobald er wieder auf der Höhe des Herrn angekommen ist, ermutigen Sie ihn mit einer Armbewegung und der Aufforderung »los«, seine Suche fortzusetzen. Wenn er wieder genausoweit gelaufen ist, wiederholen Sie den Befehl und geben das Sichtzeichen in die andere Richtung.

Beim Beginn jeder Schleife muß der Hundeführer sich so klar in die andere Richtung bewegen, als ob er die Schleife selbst laufen wollte, damit der Hund direkt an ihm vorbei und nicht fälschlicherweise mit dem Wind läuft. Ebenso wenn Sie ihn zurückrufen, damit er die Richtung wechselt; wenn Sie selbst beim Laufen den Winkel immer um ca. 10 m vergrößern, verhält sich der Hund automatisch richtig.

Dieses »Schleifenlaufen« ist aber für den Hund keineswegs nur eine stilistische Übung, sondern macht die Suche effizienter.

Ein intakter Jagdinstinkt

Es reicht jedoch nicht aus, daß der Hund in perfekten Schlangenlinien sucht und beim Auffinden von Wild oder dessen Spur verharrt. Er muß vor allem die Spur oder Fährte des Wildes aufnehmen können, das er jagen soll. Hierfür müssen Nase und Spurwille des Hundes vorhanden sein, und er muß seine Laufrichtung spontan ändern, um eine Fährte näher zu »untersuchen«.

Zahlreiche Hunde entwickeln Eigeninitiative, eine sehr wertvolle Eigenschaft, denn Schnelligkeit und raumgreifende Suche machen die Jagd um so effizienter.

Außerdem kann die Leidenschaft des Hundes einerseits leicht gezügelt, ihm aber Eigeninitiative praktisch nicht vermittelt werden. Auf jeden Fall sollten Sie zunächst versuchen, die Suche raumgreifender und somit effizienter zu gestalten.

Ist der Hund erst einmal in der Lage, mit absoluter Regelmäßigkeit weite Schleifen zu ziehen, ist es hinterher ein leichtes, deren Ausmaß mit einigen Pfiffen wieder zu reduzieren.

Jeder Richtungswechsel muß mit Armbewegungen und ermutigenden Zurufen angezeigt werden.

Damit der Hund mit Begeisterung auf die Suche geht, sollte man ihn regelrecht anfeuern.

Das Vorstehen

Den sogenannten »Vorstehhunderassen« ist dieses Verhalten angeboren. Es kann nicht erlernt, wohl aber durch Abrichtung gefestigt werden.

Beim Vorstehen zeigt der Hund verstecktes Wild an, indem er zur Statue erstarrt vor ihm stehenbleibt. Diese Eigenschaft tritt manchmal extrem früh zutage, wobei allerdings Vorsicht geboten ist. Manche Welpen stehen bereits im zarten Alter von drei Monaten oder gar früher vor, wenn Sie ihnen an einer Abrichteangel eine Vogelschwinge präsentieren. Bei anderen entwickelt es sich von selbst zwischen fünf und sieben Monaten, manchmal sogar noch später. Doch wenn ein Hund mit einem Jahr noch nicht vorsteht, heißt das nicht, daß er es nie tun wird. Vielleicht ist er einfach noch nicht reif genug, oder die Umstände waren bisher nicht günstig.

Wenn ein wenige Monate alter Welpe beim Anblick eines Vogels oder einer anderen Überraschung spontan vorsteht, läßt das zwar auf seine Veranlagung schließen, es wird aber wahrscheinlich noch etwas dauern, bis er korrekt durchstehen kann.

Ein guter Vorstehhund muß sicher durchstehen

In der Praxis dürfen Sie von Anfang an Vorstehen nicht mit sicherem Durchstehen verwechseln. Das Vorstehen wird früher oder später spontan ausgelöst, und die Rolle des Hundeführers beschränkt sich darauf, geeignete Situationen zu provozieren. Sicheres Durchstehen dagegen entwickelt sich ebenfalls zuweilen, jedoch nicht systematisch, von selbst und muß deshalb oftmals trainiert werden. Im Grunde beruht die ganze Effizienz des Jagdhundes auf dem sicheren Durchstehen im Revier und ist der einzige Punkt, in dem man unnachgiebig sein muß. Erst wenn der Hund sicher durchsteht, können Sie mit dem Nachziehen, einem behutsamen Aufrücken auf das Wild, und dem Sekundieren, dem Mitvorstehen ohne Witterung, beginnen.

Die Lust des Hundes am Vorstehen fördern

Die Abrichtung ist also darauf ausgerichtet, daß der Hund versteht, daß er mindestens so lange regungslos verharren muß, bis das Wild abstreicht. Nach der klassischen Methode nützt man seine, wenn auch kurze, Regungslosigkeit beim Kontakt mit dem Wild dazu, ihm die Leine wieder anzulegen und ihn zurückzuhalten. Dann wird er liebkost und durch Lob animiert, das Wild zu respektieren. Wenn Sie nach erfolgreichem Training dann das erste vom Hund vorgestandene Wild schießen, sollten Sie es auf jeden Fall zunächst selbst holen, denn das Apportieren ist ein eigenes Lernkapitel.

Fast jede Rasse hat eine eigene Art vorzustehen, doch generell nehmen die britischen Rassen wie Setter und Pointer eine gespanntere Haltung ein als auf dem Festland vorkommende Arten.

Das Erlernen der Schußfestigkeit

Der künftige Jagdhelfer muß so früh wie möglich an den Schuß gewöhnt werden, jedoch mit äußerster Sorgfalt, um ihn nicht zu überfordern.

Ist ein älterer Hund als Lehrer dabei, gewöhnt sich der Junghund leichter an die Schießgeräusche. Ein Kleinkaliber- oder Luftgewehr ist für die ersten Erfahrungen am besten geeignet.

Mangelnde Schußfestigkeit ist ein relativ weit verbreitetes und in jedem Fall heikles Problem. In einigen Fällen ist der Hund von Natur aus ängstlich, oft ist jedoch ein Fehlverhalten des Hundeführers oder sogar ein Mangel an Ausbildung schuld. Soll ein Welpe später einen älteren Hund ersetzen, kann der Jüngere von der Erfahrung des Älteren profitieren. Außerdem sind Hunde, die mit anderen zusammenarbeiten, selbstsicherer, insbesondere junge und nervöse Hunde.

Laute Detonationen vermeiden

Wenn Sie zudem einen ganzen Wurf oder einen Welpen samt Mutterhündin aufziehen, können Sie schon im Alter von drei bis acht Wochen einen ersten Versuch unternehmen. In Gegenwart seiner Mutter gewöhnt sich der Junghund leichter an das Geräusch und den Geruch eines Schusses, da er deren Verhalten instinktiv nachahmt.

Am besten benutzen Sie zum Erlernen der Schußfestigkeit einen Ort, der dem Tier vertraut ist und an dem es sich sicher fühlt, wie z. B. seinem Zwinger oder dem Garten. Knallfrösche oder ein Kleinkalibergewehr sind für die ersten Erfahrungen gut geeignet. Erfahrungsgemäß stärkt auch Händeklatschen schon beim kleinsten Welpen die Schußfestigkeit. Sie dürfen den Hund allerdings nie überraschen, auch wenn seine Reaktion bereits zufriedenstellend ist.

Schritt für Schritt vorgehen

Beim Abrichten machen Sie sich häufig die Motivation des Schützlings zunutze, die das Wild bei ihm hervorruft, damit er begreift, wozu die Feuerwaffe dient, und sich an den damit verbundenen Lärm gewöhnt. Diese Vorgehensweise ist richtig, noch besser ist aber, ihn an Schüsse zu gewöhnen, die nichts mit ihm zu tun haben, allein schon deshalb, weil Sie auf der Jagd auch manchmal ein Wild schießen, das der Hund nicht gewittert hat.
Außerdem sind Sie selten alleine im Revier, es schießen also auch andere Jäger. Sie sollten jedoch nicht zu oft hintereinander oder auf Anhieb schießen und vor allem den Junghund nicht mit zum Tontaubenschießen nehmen, um ihn schneller daran zu gewöhnen.

Diszipliniertes Verhalten

Daß der Hund dem abstreichenden Wild nicht nachhetzt, ist für die Jagdpraxis kein oberstes Gebot. Es macht das Schießen jedoch bequemer und zeichnet einen gut abgerichteten Hund aus.

Die Grundregel lautet: Nichts überstürzen, um dem Hund seine Begeisterung für die Jagd zu erhalten. Er soll lediglich verstehen, daß er dem Wild nicht nachhetzen darf. Bei der klassischen Übungsmethode mit Flugwild benutzt man eine Feldleine oder ein Seil, achtet jedoch darauf, nicht zu hart einzugreifen, wenn der Hund dem aufstehenden Wild nachsetzen will. Sonst besteht die Gefahr, daß er in Zukunft aus Angst vor Bestrafung an einem Stück vorbeiläuft, ohne es anzuzeigen. Besser ist es, ihn nur mit der Stimme zu beruhigen. Er merkt ja selbst, daß die Leine seinen Tatendrang begrenzt.

Sein Temperament zügeln

Hat man jedoch nur gezüchtetes Wild zur Verfügung, können Sie den Hund oft frei laufen lassen und erst im geeigneten Augenblick an ihn herantreten. Sie fassen ihn dann am Halsband, reden ihm gut zu, um ihn zu beruhigen, und lassen das Stück entkommen. Hierbei halten Sie den Hund gut fest, so daß er ihm lediglich nachblicken kann. Nachdem der Vierbeiner noch eine Weile ruhiggehalten wurde, lassen Sie ihn weitersuchen. Einige kurze, regelmäßig wiederholte Übungseinheiten reichen im allgemeinen aus, um sein Temperament zu zügeln.

Nachhetzen wird nicht geduldet

Auch die Neigung, Haarwild zu verfolgen, wie ein Raubtier seine Beute verfolgt, darf nicht toleriert werden. Zumal für den Jäger der

Für die Jagd auf Haarwild gibt es einen Trick: Er muß lernen, Katzen nicht zu jagen.

Wenn der Hund in Vorstehhaltung ist, kann man ihn wieder anleinen, damit er lernt, aufstehendes Flugwild in Ruhe zu lassen.

Schuß schwieriger wird, wenn der Hund einem Kaninchen oder Hasen nachhetzt, obwohl er ihn zunächst vorgestanden hat. Die Vorgehensweise ist ungefähr die gleiche wie bei aufstehendem Flugwild. Das Abstreichen des Wildes vor seiner Nase veranlaßt den Junghund meistens zum Nachhetzen. Das Beherrschen der Befehle »Down«, »Halt« oder »Platz« kann die Sache also wesentlich vereinfachen.

Doch hat sich die schlechte Gewohnheit einmal eingeschlichen, reicht das Kommando alleine oft nicht aus. Besonders wenn Sie auf freiem Feld jagen, wo der Hund das Stück über weite Strecken hinweg mit den Augen verfolgen kann.

Eine weitere Grundregel lautet also, ein Nachhetzen unter keinen Umständen zu dulden, sonst wird es zur Gewohnheit. Wenn Sie selbst eine Katze halten oder in einer Gegend mit vielen Katzen wohnen, ist es bereits ein guter Anfang, dem Hund beizubringen, die Katzen nicht zu verfolgen. Dieser Trick funktioniert eigentlich immer.

Das Apportieren

Für die meisten Führer von Vorstehhunden ist ein Hund, der nicht apportieren kann, kein voll jagdtauglicher Partner.

Für Jäger ist das Apportieren das Zweitwichtigste, gleich nach dem Vorstehen. Es hat nicht nur einen praktischen Nutzen, sondern ist auch eine Freude für Jäger und Hund, der die von seinem Herrn geschossenen Stücke findet und apportiert. Bei einigen Rassen, vor allem unseren alten kontinentaleuropäischen Arten, kommt es nicht selten vor, daß manche Hunde einen »natürlichen« Apportiertrieb haben. Doch selbst wenn diese Gabe in der Zucht gut genutzt wurde, ist nicht unter allen Umständen auf sie Verlaß. Eine Hecke, ein Zaun oder ein Wasserlauf bedeuten für den Hund, daß er nicht genau sehen kann, wo das Stück niedergeht, oder werden zu Hindernissen, die zu überwinden er nicht immer gewillt ist. Manche Hunde weigern sich auch schlicht und ergreifend, ein Stück zu apportieren.

Das Apportieren intelligent gestalten

Damit der Hund in jeder Situation volle Leistung bringt, muß er widerstandslos apportieren, wenn Sie es von ihm verlangen, und sich zurückhalten, wenn es nicht erwünscht ist. Die Abrichtung zum Apport auf Kommando besteht aus den drei aufeinanderfolgenden Befehlen »Faß«, »Apport« und »Aus«. Die größte Schwierigkeit besteht darin, dem Hund beizubringen, einen Gegenstand auf Befehl aufzunehmen. Zum Erlernen des Kommandos »Faß« bekommt er ein paar Leckereien, die er erst auf Befehl fressen darf. Danach kann mit einem Apportierbock geübt werden. Zögert der Hund, wechselt man zwischen Leckerei und Apportierbock hin und her, bis er es begriffen hat. In dieser Phase lernt er, jeden Gegenstand zu apportieren, insbesondere noch warme Tierkörper wie eine kurz vorher getötete Taube oder ein überfahrenes Kaninchen. Diese Übung muß ohne Zögern perfekt ausgeführt werden.

Das Zauberwort: »Apport«

Der zweite Ausbildungsgang besteht darin, den Apportierbock vom Boden aufzunehmen. Hierzu wird der Gegenstand zunächst in der Horizontalen, später in der Vertikalen immer weiter vom Hund entfernt. Hat er gelernt, den Apportierbock aufzunehmen und so lange festzuhalten, bis das Kommando »Aus« kommt, ist das Ziel erreicht. Wenn er sich einen Schritt bewegt, um ihn aufzunehmen, werden es schon bald 1, 10 oder 20 m sein. Schließlich wird er an der Leine geführt und muß den Gegenstand ca. 10 m weit tragen, wobei etwa alle drei bis vier Schritte das Kommando »Apport« wiederholt wird. Hat er auch das gelernt, genügt das Kommando alleine, damit er das Richtige tut. Je länger er das geschossene Wild suchen muß, um so freudiger wird er es apportieren.

Ein Apportierbock aus Holz wird traditionell zum Erlernen des Apportierens benutzt.

Der natürliche Apportiertrieb ist nicht unbedingt erwünscht, insbesondere wenn der Hund noch unerfahren ist.

Der Gehorsam

Unabhängig von der Rasse ist es unerläßlich, seine Hunde zu Gehorsam zu erziehen.

Ohne großes Risiko können Sie zur besseren Abrichtung die Fütterung außerhalb des Zwingers vornehmen, wo man weniger beengt ist.

In praktischer Hinsicht ist es klar, daß folgsame Hunde eine bessere Leistung bringen. Es gibt zwar keine absoluten Regeln, Sie können jedoch davon ausgehen, daß bei Laufhunden, Terriern und Teckeln Gehorsam durch zahlreiche, regelmäßig wiederholte und konsequent durchgeführte Übungen erreicht werden kann, die gewissermaßen zur Gewohnheit werden. Das ist ein fortschreitender Lernprozeß, der jedoch seitens des Herren viel Geduld und Ausdauer erfordert.

Bei der Abrichtung zum Gehorsam ist Gewalt in keinem Fall eine Lösung, da man sie im Revier ja auch nicht anwenden könnte. Außerdem braucht der Hund eine gewisse Eigeninitiative, die sich mit strenger Unterordnung praktisch nicht vereinbaren läßt.

Eine gute Vorbereitung im Zwinger

Eine Meute braucht zwangsläufig ein Minimum an Abrichtung. Wenn Sie bereits im Zwinger üben, sparen Sie an den Jagdtagen wertvolle Zeit. Die beliebteste Methode zur Disziplinierung ist eine Gehorsamsübung bei der Fütterung. Die Meute wird in einer Ecke des Zwingers zusammengehalten, während Sie das Futter in die Tröge verteilen. Danach dürfen die Hunde erst fressen, wenn sie den Befehl dazu erhalten. Am Anfang brauchen Sie vielleicht Unterstützung durch eine zweite Person; die Übung hat jedoch den Vorteil, daß sie nur ein paar Minuten täglich in Anspruch nimmt und man in kürzester Zeit erstaunliche Erfolge sieht. Wenn Sie den Futtertrog langsam immer weiter wegziehen, lernen die Laufhunde sogar, so kontrolliert in Reih und Glied zu gehen, wie sie es sonst nur bei Hetzjagden unter der Leitung von Hundeführern tun. Der einzige Punkt, in dem Sie unnachgiebig sein müssen, ist die Wortwahl: kurze, immer gleichbleibende Kommandos.

Alle verfügbare Zeit nutzen

In der Praxis müssen Sie sämtliche verfügbare Zeit für die Abrichtung zum Gehorsam nutzen. Spaziergänge fördern dabei die gute Bindung zwischen Herrn und Hund erfahrungsgemäß am besten. Sie können selbstverständlich auch die Jagdtage nutzen, wenn man dabei, zumindest am Anfang, nicht zu anspruchsvoll ist. Nach der Jagd ist es außerdem einfacher, seine Hunde etwas versetzt hinter sich laufen zu lassen. Hierfür können Sie einen Koppelriemen nehmen, den es im Fachhandel zu kaufen gibt, Sie können ihn sich jedoch aus einem Schnellkuppelglied und zwei Karabinerhaken auch selbst basteln. Jeder kleine Fortschritt ist eine große Freude.

Der Appell

Ein wichtiger Ausdruck von Gehorsam ist, daß die Hunde auf Kommando herankommen.

Bei der Verfolgung der Wildfährte entfernen sich Laufhunde, Terrier und Teckel manchmal mehrere Kilometer von ihrem Hundeführer. Sie müssen also lernen, sich abrufen zu lassen. Im Regelfall verhindert ein sicherer Appell, daß man das Revier ohne Hunde wieder verläßt, was auf keinen Fall passieren darf. Wenn Sie einen oder zwei Jagdhunde besitzen, die mit im Haus leben und die Sie zur Jagd auf Niederwild einsetzen, ist der Appell im allgemeinen nicht schwieriger als der Gehorsam an sich, denn bei der Hetze auf ein Stück Niederwild laufen die Hunde meistens nicht sehr weit. Die klassische Abrichtemethode mit Autorität und Liebkosen bzw. Leckereien genügt in der Regel.

Auf der Jagd ruft man seine Hunde mit dem Horn ab.

Eine gute Vorbereitung auf die Meute

In Deutschland ist die Jagd mit der Meute nur auf Schwarzwild erlaubt. Die traditionelle Fuchsjagd wird heute nur noch in Ländern wie Frankreich oder Großbritannien ausgerichtet.

Ist man Halter einer ganzen Meute, wird der Appell komplizierter. Zum einen hat ein Hund im Zwinger meistens nicht eine so privilegierte Bindung wie ein Tier, das im Haus lebt. Zum anderen entfernt sich die Meute bei der Jagd auf Hochwild oder Hasen automatisch weit vom Jäger. Beim Appell muß er also zur Verstärkung seiner Stimme ein Horn benutzen. Das muß intensiv geübt werden, denn der Abrichterlaie ist oft weder besonders gut vorbereitet noch vom Erfolg überzeugt. Im allgemeinen wissen Hunde nicht, wann eine Aufgabe erfüllt ist. Deshalb muß das Kommando bis zum Erreichen des gewünschten Resultats so lange geübt werden, bis es zur Gewohnheit wird.

Wiederholung der Übungen im Zwinger

Es empfiehlt sich, die Hunde bei der Fütterung an den Appell mit dem Horn zu gewöhnen, denn dann sind die Hunde aufmerksam bei der Sache. Wenn sie sich an den Ton des Instruments gewöhnt haben, folgen einige praktische Ausbildungsgänge in der Natur. Sie können sich z. B. rückwärts von ihnen entfernen oder sich hinkauern und dabei abwechselnd ihren Namen rufen und das Horn blasen. Bei der Jagd bedeutet der Appell manchmal gleichzeitig, daß die Hetze abzubrechen ist. Es kann also von Vorteil sein, den Laut des Hornes mit dem Kommando »Steh« zu verbinden. Das kann vor dem Futternapf oder an der Tür des Zwingers geübt werden, jedoch immer bei positiven Handlungen.

Im allgemeinen hören Junghunde genauso gut wie andere auf den Appell ihres Herrn. Dieser natürliche »Appell« muß gefördert werden.

Der Jagdinstinkt

Nun beginnt für den Junghund der Ernst des Lebens; dieser Schritt erfordert aufmerksame Beobachtung und wenn nötig Unterstützung.

Der Besitzer eines Junghundes kann es in der Regel kaum erwarten, bis dieser ein Stück Wild verfolgt. Diese Handlung, das spurlaute Verfolgen von Wild, ist ein natürlicher Instinkt, der je nach Rasse und Entwicklungsstufe des Hundes früher oder später normalerweise von selbst zutage tritt. Es reicht also meistens aus, Geduld zu haben und abzuwarten, bis der Hund die nötige Reife hat, seine erste Fährte zu verfolgen. Sie können die Entwicklung jedoch fördern, indem Sie ihm ein Schlüsselerlebnis ermöglichen, mit dem er die Schwelle zum vollwertigen Jagdgehilfen seines Herrn überschreitet. Bei der wirksamsten und beliebtesten Methode entwickelt der Hund seinen Jagdtrieb zwischen seinem sechsten und zehnten Lebensmonat.

Die Jugend will unter sich sein

Früher ließ man seine Hunde im allgemeinen frei um den Bauernhof oder das Wohnhaus herumlaufen, sie verfolgten alles, was sie finden konnten, und erwarben sich so ihre Begeisterung für die Jagd. Anschließend kamen diejenigen Hunde, die bei der Verfolgung einer Spur bellten, in den Zwinger, bevor sie zu selbständig wurden oder schlechte Gewohnheiten annahmen. Heutzutage muß man bis auf einige wenige Ausnahmen andere Methoden anwenden, und es gibt kaum eine andere legale Möglichkeit, als die Welpen in ein umzäuntes Gebiet zu bringen. Sie können die Lehrlinge aber auch unter sich ihren Jagdinstinkt entwickeln lassen. So erkennen Sie rasch, welche die Begabtesten sind, da sie rein instinktiv handeln. Da sie so den Älteren nicht nachlaufen müssen, können sie in ihrem eigenen Tempo vorgehen und lernen so leichter und schneller, daß sie vor allem die Nase nahe am Boden halten müssen, um eine Spur auszumachen.

Hunde mit Jagdinstinkt sind nützliche Hunde

Auf diese Weise entwickeln auch, und vielleicht vor allem, Laufhunde ihren Jagdtrieb bereits dann, wenn sie am aufgewecktesten sind, ohne daß sie eine für ihr Alter zu große Anstrengung vollbringen müßten. Außerdem müssen Sie sich an Jagdtagen weniger mit ihnen beschäftigen und sie können sich nützlich machen, sobald sie in die Meute integriert sind. Für das zukünftige Verhalten ist es nicht entscheidend, mit welcher Wildart die ersten Erfahrungen gemacht wurden. Nachdem junge Hunde mit Begeisterung alles jagen, was ihnen in die Quere kommt, sollten Sie sich hier keine Sorgen machen. Sobald ein Hund zum erstenmal eine Spur mit Gebell anzeigt, ist der Jagdtrieb durchgebrochen. Diese Erfahrung braucht nicht wiederholt zu werden, denn er soll sich nicht an eine für die künftige Jagd unter Umständen irrelevante Spur gewöhnen. Nach Ausbildung des Jagdinstinkts können für die Junghunde im Zwinger getrost einige Monate vergehen, bis sie endgültig in die Meute eingegliedert werden.

Junghunde sollten ihren Jagdtrieb unter ihresgleichen entwickeln. So entdecken sie die Freuden der Jagd in ihrem eigenen Tempo.

Die Spurtreue

Spurtreue ist heutzutage unabdingbar, wenn nur bestimmte Wildarten gejagt werden und das Nützliche mit dem Angenehmen verbunden werden soll.

Es gibt Hunde, die von sich aus nur eine bestimmte Spur oder Fährte verfolgen. Diese Hunde sind jedoch dermaßen selten, daß Sie sich besser nicht auf diese natürliche Eigenschaft verlassen. Außerdem ist diese Eigenschaft kein Rassemerkmal und somit nicht absehbar. Besser Sie erziehen Ihre Hunde dahingehend, daß sie nur das gewünschte Wild jagen und die Spuren der anderen Wildtiere nicht mehr beachten. Das kann genauso einfach sein, wie einen Welpen zu Stubenreinheit zu erziehen. Allerdings geht es nicht von heute auf morgen. Die Vorgehensweise ist aber nicht schwierig und beruht auf der Unterscheidung zwischen »richtig« und »falsch«.

Die Hunde auf die richtige Fährte setzen ist unerläßlich, um nur bestimmte Wildarten zu jagen, z. B. im Rahmen der Bestandsregulierung.

Lernen vor Ort

Zunächst ist es entgegen der landläufigen Meinung nicht nötig, Gebiete zu meiden, in denen mehrere Wildarten vorkommen. Ganz im Gegenteil, die Hunde sollten so oft wie möglich dort hingeführt werden.

Vom Zuschauen alleine hat noch niemand etwas gelernt. Je öfter ein Hund auf einer »falschen« Spur ertappt wird, desto schneller wird er begreifen. Eine ihm unbekannte Spur wird er aber trotzdem verfolgen. Damit die Übung Früchte trägt, muß der Hund gestoppt werden, wenn Sie sich seines Fehlers sicher sind. Danach muß er so bald wie möglich die Gelegenheit haben, das »richtige« Wild herauszustoßen. Wenn der Hund die »richtige« Spur erkennt und verfolgt, loben Sie ihn anschließend genügend, damit er den Unterschied begreift.

Wenn Sie in einem Revier suchen, in dem es relativ unwahrscheinlich ist, das richtige Wild zu finden, und die Hunde recht oft korrigiert werden müßten, könnte das ihre Jagdpassion beeinträchtigen.

Viel Erfahrung führt zum Erfolg

Es ist nicht ausgeschlossen, daß Hunde derselben Rasse unterschiedliche Wildarten jagen.

Die Hauptsache ist, sie sind in der Lage, eine einmal gefundene Spur beizubehalten. Das Ziel ist, daß sie nur das gewünschte Wild suchen und verfolgen und sich für kein anderes interessieren.

Bei der Erziehung gibt es jedoch weder Wundermittel noch Patentrezepte. Nur durch Erfahrung und ständige Wiederholung werden sich die Hunde richtig verhalten. Hierbei sind Geduld und Entschlossenheit, aber auch Kompetenz gefragt. Man muß vor allen Dingen wissen, was die Hunde gerade verfolgen, selbst wenn man das dazugehörige Tier selbst nicht sieht. Sie müssen also besonders umsichtig sein und versuchen, die Hunde niemals zu täuschen. Im Zweifelsfall sollten sie lieber einen Fehler begehen, als daß sie zu Unrecht abgehalten werden, zumindest am Anfang. Sind Sie sich jedoch ihres Fehlers sicher, darf von den Regeln auf keinen Fall abgewichen werden.

Der erwachsene Jagdhund

Sollte er im Zwinger oder im Haus leben?

Nichts spricht dagegen, daß ein Jagdhund mit seinem Herrn zusammenlebt, auch wenn dieser aus der Stadt kommt. Aber trotzdem bleibt das »jeder für sich« eine Grundregel für den Erfolg.

Die Frage, ob ein Hund im Haushalt, gleichberechtigt mit anderen Haustieren, oder aber in einem Zwinger leben sollte, ist schwierig zu beantworten. Man könnte sogar sagen, daß es hierfür keine Regel gibt, denn jede Beziehung »Jäger-Hund« ist anders. Egal wieviel Liebe und Zuneigung Sie ihm aber entgegenbringen, man darf nie vergessen, daß die Integration eines Hundes in die Familie als vollwertiges Mitglied nicht ganz unproblematisch ist. Auch wenn es viel Freude macht, den treuen Jagdgefährten um sich zu haben, sollten Sie auch etwas an den Hund denken und versuchen, die Situation aus seiner Sicht zu sehen, um Mißverständnisse zu vermeiden. Ein Hund, der in einer Familie lebt, kann sicherlich eine perfekte Doppelrolle als Jagd- und Haushund spielen. Im Gegensatz zu Hunden, die nur zu Liebhaberzwecken gehalten werden, muß er jedoch seine Fähigkeiten und den jagdlichen Ehrgeiz bewahren. Aus praktischer Sicht bereitet ein Jagdhund, der sich vollständig dem menschlichen Lebensrhythmus anpaßt, unabhängig davon, wo und wie sein Herr lebt, nicht mehr Probleme als jeder andere Hund. Er ist nämlich ein gefühlvolles Tier, das seinem Herrn – wenn möglich – sehr nahe sein will. Das heißt, er will auch in dessen Abwesenheit dort leben, wo der Herr viel Zeit verbringt und wo er ihn bei seiner Rückkehr wieder anzutreffen meint. Dennoch benötigt er unbedingt einen Schlafplatz, eine Art Rückzugsmöglichkeit, wo er seine Ruhe haben kann, wenn er dies für erforderlich hält. Das kann ein Wäschekorb, ein Plastikkörbchen oder eine einfache Holzkiste sein.

Den Alltag nicht zu stark »vermenschlichen«!

Die Tatsache, daß er im Haushalt lebt, wirkt sich im allgemeinen nicht negativ auf sein Verhalten bei der Jagd aus. Er ist dadurch im Gegenteil gehorsamer und hilfsbereiter. Das einzige echte Risiko besteht in der oftmals unausgewogenen Ernährung. So werden ihm bei den Mahlzeiten der Familie nicht selten eingeweichte Brotstückchen zugeworfen, oder er erhält die Reste. Das heißt, er frißt zwei- bis dreimal am Tag, ganz abgesehen vom Kuchen der Kinder und der kleinen Süßigkeit nebenbei. Ebendies ist unbedingt zu vermeiden. Ein ausgewachsener Hund sollte nur einmal am Tag, möglichst am Abend, gefüttert werden, damit er beim Schlafen in Ruhe verdauen kann. Seine Ernährung sollte die eines Hundes sein, ausgewogen und auf die Bedürfnisse und den Geschmack eines Tieres abgestimmt, nicht eines Menschen. Auch wenn er sich über die Fährte eines Hasen freut, braucht er noch lange keinen Hasenbraten! Eine strenge Überwachung der Ernährung ist grundlegende Voraussetzung für die gute Form und für die Gesundheit jedes Jagdhundes. Das Geheimnis eines harmonischen Miteinander liegt somit in festen Regeln. Der Hund braucht

Ein Hund mit einem eigenen Zwinger führt oftmals ein ausgeglicheneres Leben und legt sich bei der Jagd stärker ins Zeug, um seinem Herrn eine Freude zu machen.

Ein Hund, der im Haushalt lebt, erfüllt auch die Aufgabe des Begleithundes für die ganze Familie.

einen festen Platz für sich, wo er seine Ruhe haben kann, wenn er das will oder wenn es erforderlich ist und wo er vor allem schlafen kann. Außerdem ist der ununterbrochene Kontakt zum Menschen nicht von Vorteil. Wenn Sie ihn nicht rund um die Uhr im Auge behalten können, sind einige schlechte Angewohnheiten, die auch sein Jagdverhalten negativ beeinflussen können, unvermeidlich. Auch bei einem ausgewachsenen Hund muß jede Streicheleinheit gerechtfertigt sein, sei es auch nur als Belohnung für sein gutes Benehmen. Es wird ihm aber immer guttun, wenn man sich regelmäßig, zwei- bis dreimal pro Woche, etwas Zeit für kleine Spaziergänge mit ihm nimmt.

Eine enge Beziehung

Leben Sie in einem großen Haus mit einer Garage, Nebengebäuden, Hof oder Garten, dann kann der Hund einen Teil des Tages mit seinem Herrn oder der Familie im Haus leben und den Rest des Tages sowie die Nacht draußen oder in einem Nebengebäude verbringen. Ideal ist eine Hundehütte, in die er sich gern nachts oder zum Ausruhen zurückzieht. Er sollte dort aber keinesfalls angekettet werden. In Freiheit, auch wenn diese nur wenige Quadratmeter umfaßt, ist er weitaus glücklicher. Es ist immer günstig, wenn man ihm einen kleinen Zwinger baut. Lebt der Hund in einer Wohnung, dann sollte man mehrmals am Tag mit ihm spazierengehen, damit er seine Bedürfnisse verrichten kann. Im Gegensatz zu einer Katze reicht ihm eine Kiste mit Sägespänen nicht aus. Wenn alle Familienmitglieder von früh bis abends aus dem Haus sind, muß unbedingt der Hauswart oder ein netter Nachbar gefunden werden, der ihn tagsüber ausführt.

Ein Hund, der weiß, daß er ausgeführt wird, gewöhnt sich schnell daran und verrichtet seine Bedürfnisse, sobald er die Gelegenheit dazu hat. Das dauert dann nur wenige Minuten. Man kann ihn z. B. mitnehmen, wenn Sie die Kinder von der Schule abholen oder um die Ecke zum Einkaufen gehen. Regelmäßige, abwechslungsreiche Spaziergänge sind allemal besser als zu Hause stundenlang auf dem Sofa herumzusitzen. Je mehr er sich an der Seite seines Herrn aufhalten kann, auch außerhalb der Jagd, desto verläßlicher erweist er sich dann bei der Suche nach dem Wild. Aber abgesehen von diesen kurzen Augenblicken von Spiel oder Arbeit, sollte er im Zwinger bleiben. Auch wenn er hier nichts lernt, so lernt er wenigstens auch nichts, was seiner Aufgabe als Jäger schaden könnte.

Die Unterbringung des Jagdhundes

Wie der Gefährte untergebracht werden soll, ist oft eine schwierige Entscheidung. Von der einfachen, von einem Zaun umgebenen Hundehütte bis hin zu Anlagen für Fachleute gibt es für jeden Geschmack und jeden Geldbeutel genau das Richtige.

Der Zwinger ist in erster Linie das Heim des Hundes und nicht ein Ort, an dem man ihn einsperrt. Deshalb sollte der Hauptzweck des Zwingers darin bestehen, dem Hund (und seinem Herrn) das Leben so angenehm wie möglich zu gestalten. Ob bei einem kompletten Neubau oder beim Umbau bereits vorhandener Räumlichkeiten, die Hygiene und ein gewisser Komfort sollten Berücksichtigung finden. Dabei dürfen Sie aber nicht aus dem Auge verlieren, daß Komfort für einen Hund nicht unbedingt das gleiche bedeutet wie für einen Menschen. Sie sollten also nicht übertreiben. Ein bereits vorhandener Raum oder ein Gebäude, die als Zwinger genutzt werden sollen, müssen dem Hund genug Raum zum Atmen bieten. Sie sollten hell, hoch genug und wegen der Gerüche auch belüftet sein, dabei aber vor Zugluft schützen, denn diese gefährdet die Gesundheit des Hundes. Wie bei den meisten Räumlichkeiten zur Unterbringung von Tieren, sollten Sie auch hier einen nach Osten oder Südosten ausgerichteten, sonnigen Platz wählen, damit der Hund von jedem Sonnenstrahl profitieren kann, gleichzeitig aber vor Wind geschützt ist. Eine Ecke mit Schatten in der Nachmittagszeit schützt ihn vor zu großer Sommerhitze. Die Größe sollte sich proportional zur Anzahl und Größe der Tiere verhalten, obwohl die notwendige Fläche nicht unbedingt von der Anzahl der Tiere abhängt. Der Gesetzgeber schreibt in Deutschland als Fläche eine Mindestgröße für einen Hund von 6 m^2 vor. Für jeden weiteren Hund muß sich die Fläche um 3 m^2 erhöhen.

Es sollte möglich sein, daß sich der Jagdhund zumindest einmal am Tag außerhalb seines Zwingers, am besten mit Spielkameraden, austoben kann.

Ein Raum, der alle zufriedenstellt

Um einen angrenzenden Hof an ein Gebäude oder die Umzäunung eines Zwingers anzuschließen, verwenden Sie am besten mit Kunststoff beschichtetes Gitter, das auch für Industrie- und Bauzäune verwendet wird. Es ist relativ

Für einen traditionell gemauerten Zwinger ist eine Baugenehmigung erforderlich.

Der Zwinger ist das Heim des Hundes, und damit er sich dort auch richtig zu Hause fühlt, ist es am besten, Sie statten ihm regelmäßig einen Besuch ab.

unauffällig und leicht zu handhaben. Sie finden Zaunfelder, Pfosten und erforderliche Befestigungen im Bau- oder Heimwerkermarkt, wo das Angebot an Größen und Maschenweiten beinahe vollständig ist. Bei der Auswahl sollten Sie jedoch darauf achten, daß das Gitter die entsprechende Höhe hat und steif genug ist. In einigen Läden gehört ein Zwinger sogar zum Angebot im Bereich Gartenhäuser dazu. Aber das Preis-Leistungs-Verhältnis dieser Erzeugnisse macht das Ganze dann oftmals uninteressant. Da die Stabilität der Konstruktion immer noch die wichtigste Rolle spielt, sind Sie am besten beraten, wenn Sie langfristig in Elemente investieren, die speziell für die Unterbringung von Hunden konzipiert wurden. Außerdem ist zu bedenken, daß Sie irgendwann vielleicht auch einmal einen Welpen aufziehen wollen, um etwa einen alt gewordenen Jagdgefährten zu ersetzen, und daß dieser »kleine Teufel« den schönen Zwinger hart auf die Probe stellen wird.

Den Fachmann fragen!

Seit einigen Jahren überschwemmen montierbare Zwingerelemente den Markt. Früher nur für Fachleute, werden diese heute serienmäßig produziert und sind daher mehr und mehr auch dem Laien zugänglich. Dies hat natürlich eine ganze Reihe von Vorteilen, der erste ist die Mobilität. Haben Sie Ihr Haus nur gemietet, so zögern Sie wahrscheinlich, wenn es um den Bau eines dauerhaften Zwingers geht. Mit diesen Elementen stellt sich das Problem gar nicht: Mit einem Schraubenschlüssel und ein paar Handgriffen kann man sie auf- und auch wieder abbauen. Außerdem bieten Zaunfelder die Möglichkeit, unter einem Überdach einen Verschlag zu bauen, an ein bestehendes Gebäude ein Stückchen Hof anzugliedern oder auch einen frei stehenden Zwinger zu errichten. Ein weiterer Vorteil besteht natürlich in maßgefertigten Elementen. Sie sind zwar etwas kostspieliger, bieten jedoch die Möglichkeit, ein Stück Mauer einzubeziehen, auf die man die Gitter anbringt, oder einen anderweitig nicht nutzbaren Winkel für den Hund herzurichten. Ganz abgesehen von den vielen Extras: Blechplatten bis zu einer bestimmten Höhe als Wetterschutz oder schwenkbare Halterungen für Futternäpfe, so daß Sie den Zwinger beim Füttern nicht mehr öffnen müssen.

Bei mittelgroßen oder großen Hunden, und hierzu zählen Jagdhunde gewöhnlich, bieten Zaunfelder einen idealen Schutz. Auch wenn dies eher die Ausnahme ist, kann sich ein wütender Hund bei Umzäunungen aus Maschendraht die Zähne brechen. Ein Ausreißer kann einen nicht abgedeckten Zwinger und Hofteil an einer Ecke überklettern. Ideal ist eine Maschenweite von ca. 5 cm, insbesondere

Ein kleiner funktioneller Zwinger ist einem großen Gehege, das schnell an einen Zoo erinnert, vorzuziehen.

Am besten richten Sie den Zwinger der Hunde, vor Wind und Regen geschützt, nach Osten oder Südosten aus, damit sie von jedem Sonnenstrahl profitieren können.

dann, wenn Sie ab und an Welpen aufziehen, denn sie können ihren Kopf nicht zwischen die Maschen stecken.

An den Alltag denken!

Um ihn leicht sauberhalten zu können, ist es günstig, den Boden des Zwingers zu betonieren oder ihn mit einer unempfindlichen, aber nicht zu glatten Schutzschicht zu überziehen, damit er bei Frost oder Nässe nicht zu rutschig wird. Kacheln sind beispielsweise ungeeignet. Damit Wasser leicht abfließen kann, sollte der Boden generell zu einem Abfluß hin geneigt sein oder mehrere Schrägen zu einer Öffnung aufweisen, die mit einem Siphon oder einem Gitterkorb versehen ist, damit feste Rückstände aufgefangen werden und nicht den Abfluß verstopfen. Dabei kann das Gefälle 1 %, bei größeren Flächen bis zu 5 % betragen. Einerseits verringert dies den Reinigungsaufwand, andererseits sparen Sie Wasser. Wird der Abfluß an der der Tür gegenüberliegenden Seite angebracht, werden Schlauch und Stiefel beim Reinigen des Zwingers nicht naß und schmutzig. Für einen einzigen Hund, und natürlich auch um Kosten zu sparen, genügt auch ein Kiesboden, vorzugsweise aus Flußkies. Dieser muß jedoch von Zeit zu Zeit gewechselt werden, da sonst zu viele Parasiten, vor allem Wurmeier, den Boden verschmutzen. Kies birgt allerdings die Gefahr des Verschluckens. Grasboden ist zwar zunächst sehr angenehm, aber wenn die Fläche nicht allzugroß ist, bleibt er das selten länger. Das Aufsammeln des Kots gestaltet sich hier immer kompliziert wegen der Grasbüschel und der Löcher, die der Hund in den Boden gräbt. Außerdem entsteht durch das Getrampel schnell ein weiteres Ärgernis: Matsch. Daher sollten Sie eher eine kleinere, dafür aber leicht zu reinigende Fläche wählen.

Das Dach eines Zwingers erweist sich nur dann als nützlich, wenn es an eine Mauer angrenzt, die den Wind abhält. Und es kommt wirklich äußerst selten vor, daß der Regen beinahe vertikal einfällt. Befindet sich der Zwinger also in einer Ecke vom Garten, sollten Sie der Qualität der Hütte mehr Aufmerksamkeit schenken als dem Dach. Zu den nützlichen Dingen gehört bei einem festen Gebäude auch eine automatische Tränke mit konstantem Wasserstand. Wird sie relativ hoch angebracht, so daß auch ein Rüde nicht hineinurinieren kann, garantiert sie stets frisches Wasser. Innen angebracht, bleibt das Wasser im Sommer schön kalt und ist im Winter vor Frost geschützt.

Ansonsten kann man sich auch mit einem an einer Kette aufgehängten Eimer behelfen. Für das Futter ist und bleibt ein Napf aus verzinktem oder rostfreiem Metall die beste Lösung. Eine in der Nähe gepflanzte Hecke ist zwar ein guter Schattenspender, allerdings hat sie den Nachteil, daß im Herbst ihr Laub in den Zwinger fällt und sie manchmal auch Insekten anlockt. Ein Geflecht aus Bambus oder ein Windfang aus Plastik ist hier die bessere Alternative. Außerdem wird dem Hund dadurch die Sicht nach draußen versperrt und häufigem Bellen vorgebeugt.

Die Ernährung

Eine gute Ernährung beseitigt die Ursachen von Problemen und garantiert dem Hund Gesundheit und Leistungsfähigkeit bei der Jagd. Dennoch bleibt die Qual der Wahl.

In den königlichen Zwingern wurden die Hunde früher mit einem Mus ernährt, der aus besonderem Brotteig und in Wasser gekochten Getreideflocken bestand. Fleisch kam erst Mitte des 19. Jahrhunderts auf den Speiseplan. Und erst in diesem Jahrhundert wurde die Ernährung unserer vierbeinigen Freunde ausgewogener, insbesondere durch Beimischung von Gemüse, Knochenmehl und Lebertran.

Heutzutage sind durch genaue Kenntnis der besonderen Bedürfnisse eine ganze Reihe von Fertigprodukten auf dem Markt, die den Bedürfnissen der Hunde in jedem Abschnitt ihres Lebens genau entsprechen. Tierernährungswissenschaftler sind sich einig, daß Hunde eher überfüttert als gut ernährt werden. Dies gilt auch für den Jagdhund. Besonders Hunde, die in der Wohnung gehalten werden, erbetteln sich oft einen zusätzlichen »Imbiß«. Fettleibigkeit und fehlende Kondition sind die Konsequenzen. Schlachthöfe stellen schon seit langem eine gute Versorgungsmöglichkeit dar. Bei akzeptabler Entfernung zu einer solchen Anlage können Sie durch Kauf größerer Mengen viel Geld sparen. Kühltruhenbesitzer frieren das Fleisch am besten portionsweise ein und tauen es bei Bedarf wieder auf. Geeignet zum Verfüttern sind Rind- und Lammfleisch. Fleisch vom Kopf, gewaschener Pansen und Speiseröhren sind die üblichen »Sorten«. Rohes Schweinefleisch ist ungeeignet, da es oft mit Krankheitserregern belastet ist. Gegen einen geringen Aufpreis wird Ihnen das Futter bereits im Schlachthof in Stücke zerteilt. Für Gedärme und andere Innereien brauchen Sie dann allerdings immer noch Geduld und die nötigen Gerätschaften zur Reinigung.

Die Küche für den Hund

In Gegenden mit Geflügelzuchtbetrieben bieten auch Geflügelschlachthäuser gute Möglichkeiten. Schlachtabfälle von Hühnern oder besser noch von Enten oder Puten sind in mehr als einer Hinsicht interessant. Das Fleisch kann einfach in Plastikeimern zubereitet, ohne weitere Vorbereitung verfüttert werden und enthält

Mit der neuen Hundefuttergeneration, auch »pet food« genannt, kann man den Hund entsprechend seinen wirklichen Bedürfnissen ernähren.

Manche Besitzer großer Meuten bereiten den Hunden noch immer ihre traditionellen Suppen.

einen hohen Anteil an, für den hart arbeitenden Hund wichtigen natürlichen Fetten. Das Hauptproblem bei all diesen Fleischarten bleibt jedoch die Lagerung. Haben Sie eine ganze Meute, so benötigen Sie eine Kühlkammer, die sowohl im Kauf als auch in der Unterhaltung teuer ist. Für wenige Hunde kann man sich mit einer ausgemusterten Tiefkühltruhe oder einem Eisschrank aus zweiter Hand behelfen. Beachten Sie jedoch, daß Sie sich keinen »Stromfresser« kaufen, dessen Betrieb mittelfristig mehr Geld kostet, als die Anschaffung und der Verbrauch eines neuen Gerätes. Gibt es in der Nähe ein großes Einkaufszentrum, dann kann auch das zur Goldgrube werden. So werden z. B. ab und an zu moderaten Preisen Paletten mit Hundenahrung abgegeben, deren Dosen verbeult sind. Für einen Jäger, der mehrere Hunde oder eine ganze Meute besitzt, ist die übliche Methode noch immer die Zubereitung von Suppen, zumeist auf der Basis von Reis-, Gersten- oder Maismehl, dem man beim Kochen Fette oder Fleisch zusetzt. Diese Vollnahrung hat den Vorteil, daß man den Kaloriengehalt der Mahlzeit je nach Jahreszeit und den Bedürfnissen des Hundes durch großzügigeren oder sparsameren Einsatz von Fett regulieren kann. Allerdings brauchen Sie hierzu eine richtige Küche mit großen Kochgeräten, und Sie dürfen auch nicht vergessen, daß Reis- und Mehlspeisen lange abkühlen müssen. Sie benötigen also zusätzlich zur Vorbereitung und zum Kochen noch viel Zeit.

Es leben die Pellets!

Aber ob es sich um eine ganze Meute oder nur um einen einzigen Hund handelt, wenn Sie alle Seiten der Sache bedenken, stellen Sie vielleicht fest, daß die beste Lösung die von Fachleuten nach entsprechenden Rezepturen zusammengestellten Fertigfuttermittel sind. Erstens sind sie das Ergebnis ernstzunehmender Untersuchungen von zumeist veterinärmedizinischen Einrichtungen. Und zweitens wird das Angebot sowohl hinsichtlich der Zusammenstellung als auch hinsichtlich der Preise immer größer. Wegen des Preises müssen Sie – oder vielmehr müssen die Hunde – heutzutage längst nicht mehr auf hochwertige Nahrung verzichten.

Aber Achtung! Die Billigmarken der Supermärkte sind nicht unbedingt zu empfehlen. Die Erfahrung zeigt, daß sich die Produkte der großen Marken auf lange Sicht als günstiger herausstellen.

Letztendlich sind Pellets oder Hundekuchen den Flocken, die man einweichen muß oder dem Dosenfutter vorzuziehen. Einerseits ist Trockenfutter einfacher zu transportieren und aufzubewahren, andererseits fressen die Tiere davon weniger und produzieren kompaktere und weniger unangenehme Haufen. Ein Argument, das nicht von der Hand zu weisen ist!

Nachtrag, die Ernährung betreffend:

Im Leben eines Hundes gibt es Phasen, in denen die Ernährung eine ganz besondere Rolle spielt. So z. B. bei jungen Welpen, bei trächtigen oder säugenden Hündinnen.

Diese wichtigen Momente im Leben unseres vierbeinigen Gefährten sind selten genug, und etwas zusätzliche Mühe wird meistens mehr als belohnt.

Auch hier ist die sogenannte Vollnahrung, vorzugsweise einer großen Marke, am besten geeignet. Man kann sich aber auch an seinen Tierarzt wenden, denn er ist der beste Berater in allen Ernährungsfragen.

Die Bewegung

Ein Jagdhund ist ein Sportler, dessen körperliche Kondition es im Auge zu behalten gilt. Dies erfordert ein gutes Training.

Ein Napf mit Futter sowie ab und an eine Streicheleinheit oder ein paar lobende Worte reichen für eine gute körperliche und geistige Verfassung des Hundes nicht aus. Würde für die Jagd erst an dem Tag zum Aufbruch geblasen, an dem sie wirklich stattfindet, dann wäre der Enthusiasmus des Hundes ganz schnell verflogen. Daher müssen Sie ein Training auf die Beine stellen, um ihn und auch seinen Herrn bestmöglich auf die Jagd vorzubereiten.

Oftmals entsteht durch das abrupte Ende der Jagdsaison eine Art Zwangspause, die die Atmung und Verdauung des Hundes durcheinanderwirft und dazu führt, daß er an Gewicht zulegt. Dies ist ein für seine Gesundheit kritischer Punkt. Sie sollten daher dieser Rhythmusstörung im Leben des Hundes ganzjährig mit regelmäßigen Spaziergängen vorbeugen, anstatt ihn nachher einer strengen, langwierigen Diät zu unterwerfen, um sein Übergewicht zu bekämpfen, denn dies würde ihn in erster Linie schwächen. Sicher, auch die Zusammenstellung der Mahlzeiten muß angepaßt werden, dabei darf aber körperliche Bewegung nicht zu kurz kommen, denn sie tut sowohl dem Hund als auch dem Herrn gut. Was die Ernährung betrifft, erleichtert die klassische Vollnahrung, auch ohne dem großen Diätangebot nachzugeben, das Füttern dank der konstanten Nährwerte ungemein. Und auch die Preise hierfür sind mittlerweile erschwinglich.

Für eine gute körperliche Verfassung ist das beste und einfachste Mittel noch immer, täglich mit dem Hund an der Leine laufen zu gehen. Beim Welpen genügen schon 5–10 Minuten. Dann erhöht man die Trainingsdauer mit steigender Kondition des Hundes. Es ist jedoch schwierig, hierzu genaue Hinweise zu geben, da sich die Hunde untereinander nicht einfach vergleichen lassen und auch nicht jedem Halter die gleiche Zeit zur Verfügung steht. Trotzdem darf nichts den Auslauf in Frage stellen. Wenn Sie mit dem Training beginnen, sollten Sie die Anforderungen langsam steigern, ohne den Hund oder die Hunde zu erschöpfen oder zu überfordern. In der heißen Jahreszeit sollte man die Spaziergänge, wenn möglich, auf den frühen Morgen oder den späteren Abend verschieben. In der prallen Sonne überhitzen Hunde schnell, da sie nicht schwitzen und Wärme nur über das Hecheln abgeben können.

Von Spaziergängen profitiert man immer!

Größere, kräftige und konditionsstarke Hunde können gut mit dem Fahrrad ausgeführt werden. Dabei ist zu beachten, daß der Hund immer Kontakt zu seinem Herren hält. Es muß ihm von Anfang an klar sein, daß das Jagen auf eigene Faust tabu ist. Zudem wäre vorprogrammiert, daß er beim »privaten« Wildern in ein fremdes Jagdrevier gelangt – mit unangenehmen Folgen für den Herren.

Geht man davon aus, daß Jäger und Hund ein Team bilden, so sind alle Kontakte, insbesondere aber die körperliche Bewegung, von unschätzbarem Wert für ein besseres gegenseitiges Verständnis. Regelmäßig ein bis zwei Stunden machen aus einem Hund ein einzigartiges Tier, das seinem Herrn die Mühe großzügig vergelten wird.

Selbst rein praktisch gesehen ist es absolut unmöglich, die Talente und Fähigkeiten eines

Ein Wochenendausflug mit dem Fahrrad stellt eine ideale Trainingsmöglichkeit dar.

Meuten für große Drückjagden werden häufig eine Stunde lang freifolgend vom Herren ausgeführt.

Hundes, den man nicht beherrscht, voll auszuschöpfen. Regelmäßige Bewegung kann also als eine Art »Hochzeitsreise« betrachtet werden, auf der beide Seiten sich besser kennen- und verstehenlernen. Denn wie soll ein Hund gehorchen, wenn er seinen Herrn nicht versteht? Außerdem kann auch ein Jäger immer noch etwas von seinem Hund lernen, wenn er ihn beobachtet, ihm zuhört. Die Arbeit neben der Jagd, und das ist nur einer der Vorteile, lenkt die Beziehung in geregelte Bahnen. Die Praxis vermittelt das, was man in Büchern nicht finden kann. Am offenkundigsten zeigt sich dies natürlich während der Jagd, aber an sich gilt es für das ganze Jahr.

Die großen Differenzen entstehen häufig aus kleinen Nichtigkeiten, die man selbst findet und die aus der eigenen Erfahrung resultieren. Die Zeit, die Sie aufwenden, um aus einem Hund einen guten Gefährten zu machen, ist niemals verlorene Zeit. Heißt es nicht schon seit langem: »Wie der Herr, so der Hund«?

Sollte man in Übungsgelände gehen?

Bleibt nur noch, ein Wort zum Sinn der Übungsgelände zu verlieren, die man heutzutage oft finden kann. Mit dieser Art Gelände reagierte man auf die wachsende Nachfrage seitens der Hundebesitzer. Sie werden von professionellen Abrichtern geleitet, die meist auch andere Hunderassen, z. B. Schäferhunde, für diverse Zwecke ausbilden. Diese Trainer können einem Hund zwar den Gehorsam perfekt beibringen, verlangen dafür aber auch stattliche Preise. Andererseits ist das Training in einer solchen »Sonntagsschule« weniger effektiv als ein spezialisierter Jagdhundeabrichter, der den Hund zu sich nimmt. Die Preise für eine solche Ausbildung liegen zwischen 500,– und 1000,– DM pro Monat. Ein angemessener Ausbildungszeitraum ist drei bis sechs Monate. Der Jagdhundabrichter verfügt als Jäger und Revierinhaber auch über ein geeignetes Gelände, was oftmals das Haupthindernis für die Jagdhunderziehung durch einen Laien darstellt.

Besteht ein Übungsgelände zum größten Teil aus Wiesen- und Weideland, ist mit dem Vorkommen von Hasen und anderem Niederwild zu rechnen.

Nur mit Erlaubnis des Revierinhabers!

Nennt man kein Jagdrevier sein eigen, so bedarf es immer der Zustimmung des jeweiligen Pächters für das Trainieren auf seinem Gebiet. Führt man eine Waffe, so benötigen Sie zusätzlich eine schriftliche Genehmigung des Revierinhabers und selbstverständlich einen gültigen Jagdschein, der jedes Jahr ab dem 1. April neu gelöst werden muß.

Training und Jagd nicht verwechseln!
Die Bedeutung der Kontrolle über den Jagdhund kann nur immer wieder betont werden. Verfügt er aber nach den ersten Monaten über eine gute Grundausbildung und wenn möglich eine abgelegte Jugendprüfung, so ist es Zeit, ihn an die »richtige« Jagd heranzuführen.
Für das Lernen des Findens ist es gut, ein Feld von einem erfahrenen Hund zusammen mit dem Novizen absuchen zu lassen. Der aufkommende Ehrgeiz spornt den Schüler an, auch etwas zu finden.
Das Stöbern lernt der Jagdhund am besten in nicht zu großen Waldstücken oder Gebüschen während der Jagd. Das geeignetste Wild sind Federwild und Hasen bzw. Kaninchen, da es sich gut versteckt und oft lange in der Deckung Haken schlägt – eine ausgezeichnete Übung für die Spurtreue des Jagdhundes. Zudem muß er sich auf das zu bejagende Areal konzentrieren können. Es hilft nichts, wenn er seine Suche auf nicht umstellte Gebiete ausdehnt und das darin befindliche Wild hinaustreibt. Dafür muß der Hundeführer sorgen und seine Aufgabe dann vorrangig dem Hund widmen.

Die Nachsuchenausbildung
Ein schwieriges Kapitel ist das Abrichten des Jagdhundes für die Arbeit nach dem Schuß auf größeres Haarwild, angefangen bei Rehwild über Schwarzwild zum Rotwild. Damit kann nicht sofort auf der Jagd begonnen werden, da sie zu schwierig und unter Umständen durch das wehrhafte Schwarz- und Rotwild zu gefährlich wäre.
Nahezu alle Jagdhunderassen eignen sich für die Nachsuche. Wie für die meisten Jagdhundausbildungen beginnt auch diese bereits im Welpenalter mit einer Futterschleppe. Hat der Hund begriffen, wie er am besten zu seiner »Beute« kommt, beginnt man im Revier diese Schleppen auszudehnen, legt Haken in die Spur und verlängert die Stehzeiten. Nach Erlangung einer gewissen Spursicherheit, muß der Jagdhund lernen, um was es sich bei der Arbeit auf der Schweißfährte handelt. Als »Schweiß« bezeichnet man in der Jägersprache das Blut des Wildes.
In einem geeigneten Waldstück mit wenig Unterholz imitiert man mit Blut, das auch vom Metzger sein kann, einen Anschuß mit davon wegführender, getropfter Blutspur. Am Ende dieser Spur legt man ein totes Reh oder auch nur eine Rehdecke (Fell). Die Distanz zwischen Anschuß und Reh können Sie kontinuierlich steigern, benutzen Sie jedoch niemals hintereinander den gleichen Fährtenweg.
Zur Nachsuche gehören die liebsten Worte für seinen Hund. Schon im Tonfall sollte der Hund das Besondere an dieser Arbeit spüren. Bestrafen Sie den Hund niemals an oder mit der langen Leine (Schweißriemen)! Beachten Sie das Verhalten Ihres Hundes während der Nachsuche: Kopf hochnehmen oder freudiges Wedeln mit der Rute ist ein sicheres Zeichen. Es kann jedoch Wochen oder Monate dauern, bis der Hund und sein Führer für die Nachsuche zusammenfinden.Wenn der Hund den Sinn der Prozedur richtig erkannt hat, können Sie ihn zum erstenmal auf eine richtige Nachsuche auf ein Reh mitnehmen.
In Gebieten mit Wildschweinen und Hirschen sollten Sie sich vor diesem Schritt immer den Rat eines echten Fachmanns holen, da dieses Wild für einen unerfahrenen Hund zur Gefahr werden kann.

Übungsgelände sind ideal, um einen jungen Hund zu trainieren, da er hier nicht aus der Hand gehen kann.

Die Pflege des Hundes

Viele Jäger denken, daß die Hundepflege nur etwas für Omas Schoßhündchen ist. So ist bei einigen Rassen, insbesondere bei den Griffons, die Haarpflege leider völlig aus der Mode gekommen.

Nur weil ein Jagdhund meist in einem Zwinger lebt, heißt das noch lange nicht, daß er kein Recht auf regelmäßige Haarpflege hat. Sie ist ein Grundbestandteil der Hygiene, gut für eine harmonische Beziehung des Hundes zu seinem Herrn sowie für seine geistige Verfassung. Sie verschafft ihm aber auch ein angenehmeres Äußeres, ganz abgesehen davon, daß ein Hund, dessen Haar schlecht gepflegt ist, oft unangenehm riecht, insbesondere, wenn er naß ist. Man hat mitunter den Eindruck, daß manche Hundebesitzer befürchten, das Bemühen um ein angenehmes Äußeres würde den Hund seines Charakters berauben.

Die Grundausstattung: ein Stahlkamm mit Stiel, eine Schere zum Ausdünnen, eine Schere zum Ausgleichen, ein Trimm-Messer und eine Zange zum Krallenkürzen. Zusätzlich empfiehlt sich ein kleiner Eimer zum Auffangen der Haare.

Die Werkzeuge sollten dem Hund angepaßt werden!

Sie müssen die Pflegegeräte an die Bedürfnisse des Hundes, insbesondere der vielen verschiedenen Arten kräftigen Haares anpassen.

Ein Stahlkamm mit Stiel, eine Schere zum Ausdünnen sowie zum Ausgleichen, ein Trimm-Messer sowie eine Zange zum Krallenkürzen gehören bei jeder Rasse und jedem Haar zur Grundausstattung. Hinzu kommt eventuell noch ein kleiner Eimer zum Auffangen der abgeschnittenen Haare, die anschließend aus Hygienegründen entsorgt werden sollten. Es ist ratsam, für die Fellpflege des Hundes immer die gleiche Stelle außerhalb des Zwingers aufzusuchen.

Er muß sich an das Bürsten gewöhnen!

Um die Prozedur zu vereinfachen, können Sie dem Hund beibringen, seine Vorderläufe auf einen kleinen Bock zu legen. Gewöhnen Sie ihn mit einigen Leckerbissen frühzeitig daran, wird er der Aufforderung jederzeit leicht nachkommen. Der Kamm dient dazu, das Haar zu entwirren und zu kämmen. Sie sollten ihn jedoch niemals bei einem Hund mit langem Haar verwenden, wenn es naß ist, sonst reißen Sie ihm die Haare gleich büschelweise aus. Mit der Schere zum Ausdünnen, die Friseure üblicherweise verwenden, wird dem Fell etwas von seiner Dichte genommen, und man kann damit die Spuren häßlicher Haarschnitte verwischen. Die lange Schere zum Ausgleichen mit ihren abgerundeten Enden eignet sich gut für die Pflege und das Ausgleichen der Fransen, für die Pfoten und besonders, um Haare zwischen den Zehen zu entfernen. Mit dem Trimm-Messer entfernen Sie abgestorbenes Haar und geben ihm sozusagen den letzten Schliff. Die Zange zum Krallenkürzen muß sehr kräftig sein. Nagelzangen, die man in der Regel bei Menschen verwendet, sind hierfür nicht widerstandsfähig genug. Kürzen Sie einem Hund die Krallen – normalerweise wird diese Aufgabe dem Tierarzt übertragen –, so immer über dem Zehenballen, sonst laufen Sie Gefahr, ins Fleisch zu schneiden und dem Hund Verletzungen und Schmerzen zuzufügen.

Die Fellpflege bei Kurzhaarrassen

Bei Hunden mit kurzem Haar beschränkt sich die Pflege oftmals auf kräftiges Bürsten des Fells und das Beschneiden der Krallen. Rassen mit kräftigem Haar und Setter vertragen auch noch etwas mehr. So lassen z. B. gutgepflegte Läufe den Hund nicht so tolpatschig erscheinen, und die Stellung seiner Gliedmaßen wirkt tadellos.

Richtiges Bürsten oder Kämmen nach der Jagd hat noch keinem geschadet. Außerhalb der Jagdsaison ist das die einzige Möglichkeit, um abgestorbenes Haar zu entfernen.

Außerdem wird ihm im Gelände dadurch auch das Laufen erleichtert.
Beim Kämmen sollten Sie stets auch das Innere der Ohren sorgfältig kontrollieren. Das Innenohr ist mit einem Wattebausch zu reinigen. Wird eine stärkere Absonderung festgestellt, sollte unbedingt ein Tierarzt zu Rate gezogen werden, denn verschleppte Ohrenleiden können ernste Folgen haben und nur noch schwer heilbar sein.

Ein gutes Bad schadet nicht!

Ein Hund, der regelmäßig gekämmt oder gebürstet wird, braucht kaum gebadet zu werden. Soll der Hund trotzdem, z. B. wegen Parasitenbefalls, ein Bad nehmen, so ist auf die Wassertemperatur zu achten. Auch wenn sich ein Hund in Aktion gefahrlos in einen kalten Fluß stürzen kann, sollte man bei einem erzwungenen Bad sehr vorsichtig sein. Selbst im Sommer sollte die Wassertemperatur möglichst zwischen 25 und 35 °C liegen. So ist es ratsam, einen Hund, der normalerweise im Haushalt lebt, nach Spaziergängen oder nach der Jagd zu baden, um einerseits die Verbreitung des tierischen Geruchs im Haus einzuschränken und andererseits, um ihn von möglichen Zecken oder Flöhen zu befreien. Es ist auch gar nicht erforderlich, spezielle Produkte zu kaufen. Sie können zwar ein mildes Shampoo verwenden, aber die traditionelle Kernseife, oder besser noch Schmierseife, ist für die regelmäßige Anwendung am besten geeignet und schadet am wenigsten.

Die Ohren eines Hundes sind immer wieder Ursache von Leiden oder Problemen. Ein Bad können Sie dazu nutzen, ihm vorsichtig die Ohrmuschel zu waschen oder einfach nur mit einem Stück Haushaltsrolle zu reinigen. Die Benutzung von Ohrstäbchen vermeiden Sie besser, ebenso wie die Einführung von Gegenständen aller Art in den Gehörgang. Spezielle Lösungen gegen den Ohrenzwang, von Milben verursacht, sind angezeigt, wenn der Hund oft die Behänge schüttelt.

Zum Krallenkürzen wird statt der klassischen Nagelschere eine Spezialzange verwendet, um die Krallen nicht zu zerquetschen.

Mit dem Hund ins Revier

Wollen Sie den Hund während der Jagd gut führen, so müssen Sie ihm paradoxerweise viel Freiheit lassen. Dies erfordert vor allem Ruhe und Gelassenheit.

Will man einen Hund wirklich beherrschen, müssen Sie ihn sicher führen können. Dies erfordert viel Fingerspitzengefühl. Haben Sie dann zusätzlich noch Mut genug, den Hund seine Begeisterung und sein Ungestüm ausleben zu lassen, wird der Hund das Nachsuchen verinnerlichen und seinem Herrn in der Regel zu unvergleichlichen Erlebnissen und Eindrücken verhelfen. Denn durch die langjährigen Zuchtbemühungen sind aus den Hunden der modernen Rassen wahre Spezialisten von großer Leistungsfähigkeit geworden. Ihre enormen körperlichen Fähigkeiten, ihre Kraft und Geschicklichkeit ermöglichen ihnen eine weite Suche und ein ruhiges Gemüt zugleich.

Die »Bedienungsanleitung« ist sorgfältig in die Tat umzusetzen!

Ohne eine gute »Bedienungsanleitung« wird sich der Argwohn des Jägers, der nicht immer in der Lage ist, die Situation richtig einzuschätzen, gegen den Hund wenden. Ohne zu sehr auf die psychologische Seite dieses Problems einzugehen, können einige allgemeine Grundregeln für den Umgang mit dem Hund im Revier gegeben werden. Vor allem sollten Sie, wenn Sie mit Ihrem Jagdgefährten nachsuchen, Ihren Eifer mäßigen und Ruhe bewahren. Bei der Jagd sind Beobachtung und Nachdenken, nicht aber Ungestüm, gefragt. Es hat keinen Zweck, seinem Hund Disziplin beizubringen, wenn man bei sich selbst keine Strenge anwendet. Das Motto »Wie der Herr, so auch sein Hund« läßt sich hier ganz vortrefflich beweisen. Außerdem ist es wichtig, daß Sie von Beginn an die Hunderasse und die jagdliche Disziplin wählen, die Sie wirklich wünschen.

Zurückhaltung ist gefragt!

»Wer klug ist, wird bei der Jagd in der Regel viel beobachten und wenig und mit leiser Stimme zu seinen Hunden sprechen.« Dieser Ausspruch eines bekannten Jägers des ausgehenden 19. Jahrhunderts umschreibt treffend das Verhalten, das erforderlich ist, wenn Sie Ihren Hund richtig zur Jagd führen wollen, unabhängig davon, ob es sich um eine Meute, einen Vorstehhund oder einen Stöberhund wie den Spaniel oder den Retriever handelt.

In erster Linie sollten Sie sich hüten, dem Hund zu schnell und zu dicht zu folgen. Auf keinen Fall dürfen Sie ihm vorausgehen, auch dann nicht, wenn Sie das Wild sehen, ehe der Hund die Fährte aufgenommen und ausgearbeitet hat. Nur so können Sie das Verhalten Ihres vierbeinigen Gefährten richtig einschätzen und beurteilen. Die Überwachung, die so diskret wie möglich erfolgen sollte, verhilft dem Jäger zu der wichtigen Erkenntnis, daß man selbst von guten Hunden lernen muß, wie man am besten jagt und dem Wild eine Falle stellt. Ist die Jagd im Gange, jagen eigentlich nur noch die Hunde. Der Jäger darf nur dann selbst eingreifen, wenn keine andere Möglichkeit mehr besteht, d. h.,

Bei der Jagd hängt die Leistungsfähigkeit des Hundes oft vom Vertrauen ab, das ihm sein Herr entgegenbringt.

wenn der Hund oder die Hunde allein der Situation nicht gewachsen sind.

Kommandos und das entsprechende Zubehör!

Im Revier müssen die gegebenen Kommandos klar und präzise sein. Auch mit welcher Intonation der Jäger spricht, spielt eine große Rolle. Hunde sind Tiere mit einem feinen Gehör. Insbesondere den Klang der menschlichen Stimme hören sie immer heraus. Zusätzlich sollte hier darauf hingewiesen werden, daß sie auf Tadel seitens ihres Herrn sehr empfindlich reagieren können. Daher ist es für den Jäger wichtig, zwischen Befehlen, die der Hund befolgen soll, und ermunternden Worten genau zu unterscheiden. Aus der Klangfarbe der gesprochenen Worte sollte die Freude des Herren herausklingen. Dabei können Sie die Hunde, indem man die Silben etwas in die Länge zieht, stimulieren.

Befehle hingegen sollten stets kurz sein und mehrmals im gleichen, strengen Tonfall wiederholt werden, so daß keinerlei Zweifel entstehen.

Das Horn bei den Laufhunden und die Pfeife bei den anderen Arten gehören zur Ausrüstung des Jägers unbedingt hinzu. Material, Form und Größe sind dem Geschmack des Jägers überlassen. Wichtig ist, daß ein klarer, weithin hörbarer Ton erzeugt wird. Die Funktion von Horn und Pfeife beschränkt sich vorwiegend darauf, die Hunde zu dirigieren. Es ist jedoch stets von Vorteil, wenn sie eine größere Reichweite haben und Sie die Hunde damit auch zurückrufen können. In schwierigem Gelände können Sie mit Hilfe von Horn oder Pfeife den Kontakt zu den Hunden aufrechterhalten, während diese im Dickicht mit der Nachsuche beschäftigt sind.

Das Rezept für gute Führigkeit: Kurze, genaue Kommandos und entsprechende Gesten!

Heutzutage ist es jedem Jäger vergönnt, einen Hund zu finden, der voll und ganz seinen Vorstellungen entspricht. Für jeden Geschmack ist etwas dabei, in allen Formen und Farben, mit mehr oder weniger dynamischem Suchenstil. Hier heißt es nur noch, die richtige Entscheidung zu treffen.

Viele vermeintlichen Schwächen der Hunde sind Dressurfehler oder Folgen mangelnder Konsequenz. Selbstverständlich gibt es zuweilen einen Blindgänger, doch meist ist die Veranlagung von Jagdhunden aus anerkannten Leistungszuchten gut.

Auch der Umgang mit Laufhunden wird bei guter Führigkeit viel einfacher.

Die Pflege nach der Jagd

Der jagdliche Einsatz ist von Ereignissen umgeben, die zwar zweitrangig erscheinen mögen, aber nicht weniger wichtig, um nicht zu sagen unverzichtbar sind. Dies gilt insbesondere nach der Jagd.

Nach der Jagd sollten Sie sich die Hunde genau ansehen. Hinkt eines der Tiere, so muß sofort nach der Ursache geforscht werden. Es kann sich um eine eingetretene Nadel oder aber um eine Verletzung durch Steine auf dem Boden handeln. Bei Hunden, die für die Jagd auf Rot- oder Schwarzwild eingesetzt werden, sollten Sie sich unbedingt versichern, daß das Hinken nicht auf einen Schlag auf eines der Gelenke zurückzuführen ist. Bei der Jagd auf Schalenwild ist insbesondere bei langhaarigen Hunden darauf zu achten, daß sich unter dem rauhen Haar keine Verletzungen verbergen. Entdecken Sie eine Verletzung, so sollte zunächst das Haar um die Wunde herum gekürzt und diese dann mit Alkohol desinfiziert werden. Ist die Wunde tiefer oder ernsterer Art, sollte unverzüglich ein Tierarzt aufgesucht werden, damit die Wunde rechtzeitig genäht werden kann.

Kräftiges Bürsten hebt die Moral!

Nach einem harten Arbeitstag im Revier kann es insbesondere bei bestimmter Vegetation durchaus sein, daß der Hund aufgrund der Ermüdung die Augen zukneift. Dann ist es wichtig, nachzusehen, ob der Grund für dieses Verhalten nicht eventuell ein ins Auge eingedrungener Fremdkörper ist. Schüttelt ein Hund ständig den Kopf oder hält ihn zu einer Seite hin schief, könnte sich etwas im Gehörgang befinden. Sie sollten dann versuchen, den Fremdkörper zu entfernen oder aber einen Tierarzt aufsuchen, damit der Gegenstand nicht bis zum Trommelfell vordringt. Häufig haben die Hunde nach der Jagd Blut an den Lefzen. In der Regel haben sie sich dann in die Zunge gestochen. Es sieht zwar oft spektakulär aus, ist aber nur selten wirklich ernst. Ausgiebige Haarpflege mit einer gummigepolsterten Drahtbürste bei den Rauhhaarigen oder einem weitzinkigen Kamm bei den Langhaarigen haben noch nie einem Hund geschadet. Gleichzeitig entfernen Sie damit reifes Haar. Zusätzlich ist es von grundlegender Bedeutung, daß die Hunde nach jedem jagdlichen Einsatz gelobt werden. Sie müssen ihnen immer wieder beweisen, daß sie bei der Jagd nicht nur Werkzeug, sondern unsere allerbesten Gefährten sind.

Mühe muß belohnt werden!

Sofort im Anschluß an die Jagd verspürt der Hund nur selten großen Hunger. Er hat vielmehr Durst. Insbesondere in trockenen Revieren sollten Sie daher stets eine Wasserflasche und eine Trinkschale dabeihaben.

Zu Beginn der Jagdsaison, wenn die Hunde noch nicht so gut im Training stehen, ist auf gute Fütterung zu achten. Kehren Sie nach der Jagd nicht sofort zu Haus und Zwinger zurück und müssen die Hunde daher auf dem Anhänger warten, dürfen sie keiner Zugluft ausgesetzt sein, denn diese schadet ihrer Gesundheit. Das gilt um so mehr an regnerischen Tagen oder wenn die Hunde naß von der Jagd zurückkehren. Ein nasser Hund muß in einen warmen Raum gebracht und so lange dort gelassen werden, bis er ganz getrocknet ist.

Bejagen Sie stets das gleiche Revier von einer Hütte oder einem Sammelpunkt aus, kann den Hunden einfach eine Ecke mit Stroh ausgelegt werden, damit sie sich dort nach der Jagd etwas ausruhen können. Einige Stunden nach der Jagd ist auch eine nicht zu dicke, lauwarme Suppe sehr willkommen. Frischfleisch hebt man besser für den nächsten Tag auf.

Nach der Jagd und während der Pausen darf nicht vergessen werden, die Hunde reichlich mit sauberem, frischem Wasser zu versorgen.

Die Rolle der Kynologie

Ahnentafeln, Ausstellungen, Leistungsprüfungen ... Die Welt der Rassehunde war noch nie so vielfältig wie heute. Was hat nun aber der Jäger davon zu halten?

Die Kynologie ist die offizielle wissenschaftliche Seite der Hundezucht. Der Begriff ist von der Wurzel »kunos«, griechisch »Hund«, abgeleitet. Gegen Ende des letzten Jahrhunderts entstanden kynologische Verbände beinahe überall in Europa.

Zu den ältesten nationalen Verbänden gehören der 1874 gegründete britische Kennel Club, die französische Société centrale canine (SCC), die 1882 gegründet wurde, und die Schweizer Kynologische Gesellschaft, deren Ursprung bis ins Jahr 1883 zurückgeht.

An der Spitze steht seit 1911 die Fédération cynologique internationale (FCI), die als Dachorganisation der Landesverbände gilt.

Nach 1885 manifestierte sich bei den passionierten Jägern das Bedürfnis, Identität und Ursprung ihrer Hunde dauerhaft festzuhalten. Aus diesem Grund entschieden sie, nach einem universellen Eintragungssystem, das in London bereits 1880 eingeführt wurde, ein Zuchtbuch zu führen.

Seit dem Ende des 19. Jahrhunderts beginnen demnach die Vornamen von Rassehunden mit einem bestimmten Buchstaben, der vom Wurf abhängig ist, dem der Hund entstammt. Heute wird dieses System bei allen Hunderassen angewandt. Das erste Tier aber, das am 11. März 1885 eingetragen wurde, war ein Jagdhund, ein Griffon.

Die Ahnentafel ist ein Muß!

Der deutsche Jagdgebrauchshundeverband, ein als gemeinnützig anerkannter Verein, hat sich das Ziel gesetzt, Zucht und Verbreitung von Rassehunden zu fördern. Unter seiner Schirmherrschaft finden Zuchtveranstaltungen und Leistungsprüfungen statt. Vor allem aber führt er das Zuchtbuch und stellt die Ahnentafel aus. Es handelt sich dabei um ein unwiderrufliches Dokument, das der Hund erhält, wenn er dem Rassestandard entspricht, d. h. wenn ihm ein Zuchtrichter nach einer Prüfung die Zuchttauglichkeit bescheinigt. Eine Ahnentafel kann nur auf eine Art erworben werden. Hier heißt es aufpassen! Entweder der junge Hund verfügt über einen Abstammungsnachweis, aus dem hervorgeht, daß beide Elternteile eine Ahnentafel aufweisen können, oder aber er verfügt über keinerlei Abstammungsnachweis.

Die Ahnentafel mit Tätowierungsnummer ist der Ausweis des Hundes

Acht bis zehn Wochen alte Welpen eines Wurfes werden nach Komplettierung der Impfungen vom Zuchtwart des betreffenden Rassevereins

Die französischen Saint-Hubert-Wettbewerbe verbinden den theoretischen Teil der Kynologie mit den Bedürfnissen der Jäger im Gelände.

Bei der Jugendprüfung werden die Veranlagungen des jungen Hundes überprüft.

Die bekannteste Seite der Kynologie sind die Rassehundeausstellungen.

aufgesucht. Dieser stellt die notwendigen Rassemerkmale fest und tätowiert jedem Tier seine eigene »Ausweisnummer« ins Ohr. Diese wird in die Ahnentafel, auf der sich die Abstammung bis zu den Urgroßeltern verfolgen läßt, eingetragen. Bei jedem Kauf müssen Sie darauf achten, daß die Papiere für den Hund in Ordnung sind. Bei Zweifel an der Seriosität eines Züchters oder Verkäufers genügt ein Anruf beim entsprechenden Rasseverein und Unklarheiten lassen sich schnell ausräumen.

Vorsicht ist geboten!

Hunde ohne gültige Papiere sind prinzipiell verdächtig. Argumenten wie »die Formulare kommen noch«, sollten Sie keinen Glauben schenken. Ist der Kaufpreis erst einmal bezahlt, wird es schwierig werden, das Geld wieder zurückzubekommen.

Zur Zucht werden nur Hunde zugelassen, die von Körperbau und Leistung her den Standards der Rasse entsprechen. Die Eigenschaften werden auf Wettbewerben geprüft. Es ist selbstverständlich möglich, daß ein Hund ohne Papiere oder sogar ein Mischling exzellente jagdliche Leistungen erbringt, aber es wird immer ein Problem sein, ihn zu verkaufen oder mit ihm zu züchten, da seine Nachkommen ebenfalls keine Ahnentafeln bekommen werden. Aber auch beim Kauf von Rassehunden informieren Sie sich im Zweifel besser vorher bei sachverständigen Bekannten, denn »Papier ist geduldig«...

Leistungsprüfungen und Ausstellungen

Die einzelnen Rassevereine richten in Deutschland Leistungsprüfungen aus. Diese Prüfungen sind vielgestaltig und richten sich nach den jagdlichen Disziplinen und den Hunderassen, z. B. die Gebrauchsprüfung bei den Laufhunden oder die Überprüfung der Feldarbeit bei Vorstehhunden, Retrievern oder Spaniels, die Prüfung auf Haar- oder Formwert bei den Jagdterriern, die Prüfung auf Schweißarbeit bei den Schweißhunden usw.

Außerdem gibt es in verschiedenen Disziplinen Landes-, Europa- und sogar Weltmeisterschaften. Daraus ergeben sich eine Vielzahl von Leistungszeichen, die in die Ahnentafel des Hundes eingetragen werden. Der Nutzen für die Jagd an sich ist zweifelhaft. Leistungsprüfungen sollten vielmehr als Nachweis der grundlegenden Fähigkeiten für zukünftige Zuchttiere angesehen werden. Darin besteht auch ihr oberstes Ziel.

Ausstellungen, auf denen man die Schönheit der Tiere beurteilt, sind trotz allem die bekannteste und auch am leichtesten zugängliche Seite der Kynologie geblieben. Um an einer Ausstellung teilzunehmen, muß der Hund nur im Zuchtbuch eingetragen sein.

Hier noch ein guter Rat: Bereiten Sie Ihren Liebling darauf vor, daß er einen ganzen Tag lang der Menge und dem Gebell der anderen Teilnehmer ausgesetzt sein wird, wenn Sie wollen, daß er mit seinem Verhalten Ihren Ambitionen keinen Strich durch die Rechnung macht!

Unsere treuesten Gefährten

Oftmals sind Jagdhunde gleichzeitig auch mehr als 300 Tage im Jahr vierbeinige Gefährten. In manchen Fällen spielen sie auch nur noch diese Rolle.

Unter den als Begleithund eingesetzten Jagdhunden ist der Golden Retriever ohne Zweifel die Nummer 1. Er ist heute mit großem Abstand der populärste Jagdhund. Um ehrlich zu sein, wird aber leider nur ein geringer Prozentsatz auch tatsächlich für die Jagd eingesetzt. Wegen seiner Gutmütigkeit und der problemlosen Abrichtung ist er seit den 1960er Jahren zum Familienhund par excellence geworden. Schon paradox bei einer Rasse, die ursprünglich für einen elitären Kreis von Jägern gezüchtet wurde! Dies hat natürlich auch zu einer vollständigen Änderung seiner Lebensumstände geführt. Die Engländer z. B. ziehen bereits seit längerer Zeit Nachkommen speziell für Schönheits- oder Leistungszwecke heran. Dies hat dazu geführt, daß die Tiere sich mittlerweile schon leicht voneinander unterscheiden. Die für die Jagd bestimmten Exemplare sind in der Regel leichter, um nicht zu sagen harmonischer gebaut, und wesentlich gewandter. Auch wenn der Golden Retriever ein Allrounder ist, heißt das nicht, daß ihm im Alltag alles erlaubt werden sollte. Denn dieser lebendige, schnelle, sehr kluge Hund, begreift sofort und merkt sich Positives ebenso gut wie Negatives. Um aus ihm einen guten Gefährten zu machen, genügt es oftmals, ihn korrekt zum Gehorsam zu erziehen. Da er für seinen Herrn lebt und ihm immer eine Freude bereiten will, besorgt der Alltag den Rest. Der einzige Nachteil, den man bei diesem Hund überhaupt finden kann, ist sein großer Appetit und seine Naschlust. Fehlt es dem arbeitseifrigen Golden Retriever an Bewegung, und werden auch nur die kleinsten Fehler bei der Ernährung gemacht, neigt er rasch zur Fettleibigkeit.

Cockerspaniel

Der Cockerspaniel, der kleinste und berühmteste Vertreter der englischen Jagdspaniels, ist ein verführerischer kleiner Begleithund. Der große Erfolg, der ihm wegen seiner Rolle als treuer Begleiter in Kanada und in den Vereinigten Staaten zuteil wurde, führte da, wo die Wiege der Rasse steht, bei den Züchtern zu Mißstimmung, denn sie wollten unbedingt – und zu Recht – seine jagdlichen Fähigkeiten erhalten. Aus dieser Situation heraus entstand die nur zu Liebhaberzwecken gezüchtete amerikanische Linie der Rasse. So gehört der Cockerspaniel in Deutschland mit ca. 3000 Geburten pro Jahr zu den am häufigsten vertretenen Hunden überhaupt. Er gilt als sanfter, freundlicher Haushund, der seinem Herrn und seiner Familie sehr nahe steht und den Komfort der Couch einem Leben im Zwinger vorzieht. Will man aus ihm keinen Ausstellungshund machen, so ist der Pflegeaufwand bis auf regelmäßiges Bürsten nicht über-

Begünstigt durch ihr einzigartiges, verführerisches Äußeres, werden bestimmte Jagdhunde, so z. B. dieser Weimaraner, hervorragende Familien- und Haushunde.

Dieser Teckel in Miniaturausgabe, auch Kaninchenteckel genannt, ist ein perfekter kleiner Begleithund.

mäßig groß. Seine Ohren stellen allerdings einen Schwachpunkt dar. Lang, herunterhängend und mit langem Haar bedeckt, schleifen sie oft auf der Erde, und Spreu kann sich so darin verfangen, daß sie unter Umständen auch in den Gehörgang gelangt. Hier heißt es also aufpassen! Da er ein Feinschmecker, um nicht zu sagen gefräßig ist, neigt auch der Cockerspaniel zur Fettleibigkeit, wenn er nicht ausgewogen ernährt wird.

Warum nicht ein kleiner Laufhund?

Auch die kleinen Laufhunde, und insbesondere die Bassets, sind als Begleithunde perfekt geeignet. Bei uns noch recht unbekannt ist z. B. der Basset Griffon Vendéen in Amerika, Nordeuropa und vor allem in Holland weit verbreitet. Für ihn gilt das gleiche wie für den Basset Hound: Der Großteil seiner Art lebt auf Kissen.

Englische Vorstehhunde

Setter sind wahre Modehunde, insbesondere die Irish Setter. Durch ihr ruhiges friedliches Wesen ohne Hang zur Bissigkeit eignen sie sich gut als Familienbegleiter. Leider hat die große Nachfrage zu reinen Vermehrungszuchten geführt, so daß es in Deutschland kaum noch für die Jagd brauchbare Züchtungen gibt. Zu bedenken ist auch der hohe Bewegungsdrang dieser Feldjäger – fleißige Spaziergänger sind also gefordert.

Deutsche Vorstehrassen

Die im deutschsprachigen Raum für jagdliche Belange am weitesten eingeführten Rassen, Deutsch-Kurzhaar und Deutsch-Drahthaar, eignen sich ebenfalls als Haushund. Zu beachten ist allerdings, daß es bei letzteren manchmal scharfe Exemplare gibt, die dann von Kindern ferngehalten werden sollten.

Prinzipiell eignet sich fast jede Rasse für die Haltung als Familienhund, der große Laufwille und der Jagdtrieb müssen aber bei der Anschaffung bedacht werden.

Terrier und Teckel

Den Fox-Terrier kennen wir schon seit langem aus Comicheften, Trickfilmen und seit Struppi, der Tim auf seinen Abenteuern ein treuer Gefährte ist, auch aus dem Fernsehen. Die typische Haltung und der Gang der Rasse sind den wachsamen Augen der Zeichner nicht entgangen; sie haben ihren Nutzen daraus gezogen. Natürlich trifft man auch den Foxterrier gut gekämmt und gebürstet in den Wohnzimmern an. Aber seine charmante Art, die ihm oft zu einem gemütlichen Leben verhilft, läßt trotz allem nicht vergessen, daß ihm die Jagdleidenschaft im Blut liegt. Auch wenn er als Gefährte im Haus lebt, wird er doch niemals ein Schoßhund werden. Denn für den puren Müßiggang ist der Foxterrier viel zu begabt. Das sollte man besser wissen, wenn man Mißerfolge vermeiden will. Bei den Jagdhunden gilt es schließlich, noch den Teckel, auch Dackel oder Dachshund zu nennen, einen stämmigen, kräftigen Hund, dessen langgestreckte, bodennahe Silhouette beinahe jedem bekannt sein dürfte. Beim Teckel unterscheidet man drei Größen und drei Haartypen, insgesamt also neun Varianten. Ganz zu schweigen von den drei zulässigen Farben, einfarbig, zweifarbig oder gestromt, die die Anzahl der möglichen Varianten nochmals verdreifachen.

Die Jagdhundrassen

Kurzhaariger Fox-Terrier

Der vielseitige Erdhund jagt auch über der Erde alle Wildarten.

Jagdeignung

Der glatthaarige Fox-Terrier ist für die Bodenjagd ein Lieblingshund der Jäger, da er als kompromißloser Sprenger für Raubwild, aber auch für große Wildarten gleichermaßen geeignet ist. Der gute Buschierer macht sich auch ausgezeichnet für Kaninchen, in Buschwerk und Dornengestrüpp. Er fügt sich auch bei Drückjagden auf Hochwild in die Meute ein und ist dort ausgesprochen aktiv.

Körperbau & Wesen

Dieser lebhafte Hund ist für sein Körpergewicht sehr kräftig. Sein Körperbau ist absolut ausgewogen. Er hat ein kräftiges Scherengebiß. Das Haarkleid ist weiß mit schwarzen Abzeichen, schwarzhellbraun oder hellbraun. Die glatthaarige Version ist in Großbritannien beliebt.

TIPS

Abrichtung
Er lernt sehr schnell. Da er sehr neugierig ist, dringt er gerne von selbst in den Bau ein. Der sensible Junghund gehorcht zunächst, um seinem Herrn eine Freude zu machen, später aus Passion. Die Erziehung muß sanft sein und darf keinesfalls über Strafe erfolgen. Doch Vorsicht, er nimmt rasch schlechte Gewohnheiten an.

Stadthaltung
Der überaus aktive Hund hat gerne einen Garten oder Hof, kann aber auch in der Wohnung gehalten werden, wo er jedoch manchmal Schäden anrichtet, wenn er alleine gelassen wird. Er braucht mehrmals täglich Auslauf. Er ist ein guter Wachhund, aber auch sehr anhänglich und kinderfreundlich.

Ernährung

Da er nur 8 kg wiegt, fließt nicht viel Geld in seinen Futternapf: eine Mahlzeit, vorzugsweise am Abend. Bei Bedarf, kann er mittags eine leichte Mahlzeit bekommen. In der Jagdsaison wird seine Ration erhöht.

Manchmal wird der glatthaarige Fox-Terrier für die schwierigsten Einsätze im engen Bau gebraucht, ist jedoch auch für denjenigen interessant, der einen überaus vielseitigen Begleiter sucht.

Rauhhaariger Fox-Terrier

Über der Erde nützt ihm sein dichtes, drahtiges Haar, die Bodenjagd gehört aber ebenso zu seinen Spezialitäten.

Der rauhhaarige Fox-Terrier britischer Herkunft ist trotz seiner geringen Größe sicherlich eine der bekanntesten und beliebtesten Hunderassen der Welt.

Jagdeignung

Sein Haarkleid schützt ihn vor Hindernissen, er glänzt also im schwierigen Gelände und schreckt auch vor Dornengestrüpp nicht zurück. Seine Eigenschaften decken sich mit denen des glatthaarigen Schlags. Er jagt nicht nur Fuchs und Dachs in ihrem Bau, sondern auch alle anderen Wildarten, ob groß oder klein. Auch bei der Treibjagd auf Hochwild, besonders auf Sauen, kann er eingesetzt werden.

Körperbau & Wesen

Dieser aktive Hund ist zwar klein – ein Rüde hat eine Widerristhöhe von max. 39 cm –, aber trotzdem kräftig. Er hat dunkle, runde, intelligente Augen. Der Nasenschwamm ist immer schwarz. Das Haarkleid ist weiß mit schwarzen Abzeichen, schwarzhellbraun oder hellbraun. Das Leder der V-förmigen Ohren ist mäßig dick. Der Hals ist von passender Länge und ohne Wamme. Der Schädel fällt keilförmig ab und wird zu den Augen hin schmäler. Die Rute ist hoch angesetzt und kupiert. Der Rücken ist horizontal und kräftig gebaut.

Ernährung

Sein Futterbedarf ist sehr bescheiden; eine Mahlzeit, vorzugsweise am Abend, reicht aus. Man kann das Futter auch auf zwei Portionen aufteilen. In der Jagdsaison wird seine Ration erhöht.

TIPS

Abrichtung
Durch seinen lebhaften Geist ist er leicht und angenehm zu erziehen. Er versteht sehr schnell, was man von ihm erwartet.

Stadthaltung
Nachdem er sich überall zu Hause fühlt, kann er auch in der Wohnung gehalten werden, vorausgesetzt, er hat regelmäßigen Auslauf.

Deutscher Jagdterrier

Dies ist der einzige Terrier, der nicht zum Begleithund geworden ist. Auf der Jagd ist er sowohl über als auch unter der Erde sehr vielseitig.

Wie alle deutschen Jagdhundrassen eignet sich auch der Jagdterrier für die Nachsuche auf krankgeschossenes Hoch- und Niederwild.

Jagdeignung

Der vielseitige Jagdterrier eignet sich für spurlautes Hetzen, Stöbern über der Erde und am Wasser, Schweißarbeit sowie Apportieren von Niederwild. Alle Wildarten sind ihm recht. Er hat einen ausgeprägten Kampfeswillen und ist in der Jagd auf geruchsintensives Wild (insbesondere Schwarzwild) unersetzlich.

Körperbau & Wesen

Dieser kleine Hund (Widerristhöhe 40 cm) ist länger als hoch. Sein Körper ist solide, der Rücken gerade, die Brust tief. Der flache Schädel ist zwischen den Ohren recht breit und verjüngt sich nach vorne stärker als beim Foxterrier. Der kräftige Fang zeichnet sich durch den starken Unterkiefer aus. Das derbe Haar ist schwarz, grauschwarz meliert oder dunkelbraun, mit helleren Abzeichen an Augenbrauen, Fang und Brust. Die kleinen, tiefliegenden Augen sind dunkel.

Ernährung

Der Terrier liebt es einfach, leicht und bescheiden. Er braucht ca. 220 g Trockenfutter pro Tag.

TIPS

Abrichtung

Der Deutsche Jagdterrier ist von Jägern bevorzugt, die Erfahrung mit der Abrichtung und mit charakterstarken Hunden haben.

Hat man ihn einmal unter Kontrolle, gehorcht er nur seinem Herrn und ist Fremden gegenüber mißtrauisch. Er zeigt meist übermäßige Schärfe.

Stadthaltung

Der gute Wachhund paßt sich an Haus und Wohnung an, sofern er mit einem anderen Jagdbegeisterten zusammenlebt. Sonst wird er leicht bissig. Sein starker Bewegungsdrang fordert lange Spaziergänge.

Jack Russel Terrier

*Dieser Fuchsspezialist ist außerdem ein guter Buschierer.
Er ist ein treuer und sanfter Gefährte, der gerne mit Kindern spielt.*

Jagdeignung

Auf Treibjagden in England stößt der Jack Russel Terrier den Fuchs vor die Foxhounds heraus. Er ist auch gut für Gebüsch und dichtes Unterholz geeignet. Auch für Feldkaninchen und sogar Hochwild kann er eingesetzt werden. Auch Sauen machen ihm keine angst. Er ist allzeit zäh und mutig.

TIPS

Abrichtung
Der Jack Russel Terrier ist nicht schwer zu erziehen, denn er versucht im Gegensatz zu anderen Terrierarten nicht, seinen Kopf durchzusetzen. Er ist sanft, anhänglich und vor allem leidenschaftlich und braucht eine strenge, aber liebevolle und intelligente Erziehung, wenn er m Haus leben soll.

Stadthaltung
Er paßt gut in die Stadt, braucht aber täglich und bei jedem Wetter mindestens eine Stunde Auslauf. Für kürzere Gänge braucht er einen umzäunten Garten, denn er ist sehr lebendig und neigt zum Weglaufen.

Körperbau & Wesen

Dieser kleine Terrier, der für Geschwindigkeit und Ausdauer wie geschaffen ist, wird nur 33 cm (Hündin) bzw. 35 cm (Rüde) groß. Sein Haarkleid kann weiß sein, weiß mit hellbraunen, gelben oder schwarzen Abzeichen am Kopf und am Schwanzansatz. Er ist rauh- oder glatthaarig, mit derbem, enganliegendem und dichtem Haar. Der Schädel ist flach mit kleinen V-förmigen, nach vorn oder seitlich fallenden Ohren. Der Rücken ist gerade und kräftig. Die gerade Rute ist hoch angesetzt und kupiert.

Ernährung

Er braucht konstante Mengen und Fütterungszeiten. Da er etwas heikel ist, sollte man darauf achten, daß er seine Ration auffrißt. Manchmal kann er jedoch nicht genug bekommen, dann heißt es konsequent bleiben und ihn nicht betteln lassen.

Der Jack Russel, der neue Star unter den Terriern, vereinigt einen guten Charakter mit extremer Effizienz.

Irish Terrier

Diese älteste Terrierrasse ist ein echter »Multifunktionshund«: Allzweck-Hofhund, Begleithund, Wachhund, Jagdhund für die Treibjagd und die Jagd mit Schußwaffen.

Der Ruf der irischen Terrier hat sich während des Ersten Weltkriegs gefestigt, als sie für die Nachrichtenüberbringung genutzt wurden.

Jagdeignung

Vermutlich handelt es sich beim Irish Terrier um die älteste Terrierrasse Irlands, allerdings gibt es so wenige wirklich verläßliche Fakten, daß ein endgültiger Beweis schwierig ist. Zusätzlich zu den roten Terriern gibt es manchmal auch schwarzrote oder schwarzgestromte Tiere. Ihr Einsatzgebiet ist sehr breit: Wachhund, Jagdhund für die Treibjagd und die Jagd mit Schußwaffen ...

Körperbau & Wesen

Der Irish Terrier vermittelt den Eindruck eines aktiven, gewandten Hundes, immer angespannt und aufmerksam. Geschwindigkeit und Ausdauer sowie Kraft gehören zu seinen Wesensmerkmalen. Sein Gebäude suggeriert Geschwindigkeit und bietet die elegante Silhouette eines Läufers. Der Schädel ist flach und eher schmal zwischen den Ohren, die mittelbreit sind, gut am Kopf anliegen und nach vorn zu den Backen hin abfallen. Der Hals muß die richtige Länge haben und zu den Schultern hin allmählich breiter werden, gut gewachsen sein und darf keine Kehlwamme aufweisen. Das Fell ist so dicht, daß auch dann die Haut nicht sichtbar wird, wenn man die Haare mit den Fingern zur Seite schiebt. Es muß einfarbig sein, wobei ein lebhaftes Rot, ein Weizen- bzw. Gelbrot gefragt sind. Manchmal schlägt auf dem Bug oder an den Läufen eine weiße Farbe durch.

Ernährung

Dieser vielseitige Hund muß in Abhängigkeit von seiner Aktivität ernährt werden, wobei es keine Besonderheiten zu beachten gibt. Einige Exemplare sind verfressen, andere wiederum »Feinschmecker«, was von der Abstammung und der Größe des Hundes abhängt.

TIPS

Abrichtung
Dieser Hund ist, trotz seines Draufgängertums und seines rauflustigen Wesens, von bemerkenswerter Treue. Er hat einen guten Charakter und ist zärtlich, sollte er aber angegriffen werden, entwickelt er den Mut eines Löwen und geht aufs Ganze.

Stadthaltung
Er ist dafür bekannt, sich jeder Umgebung anzupassen, ist also auch für das Stadtleben geeignet. Er sollte regelmäßig gebürstet und drei- bis viermal jährlich getrimmt werden.

Welsh Terrier

Dieser immer fröhliche, umgängliche Hund wird heute mehr als Begleit- und Wachhund und nicht so sehr als Jagdhund verwendet.

Jagdeignung

Seine Abstammung geht sicherlich auf alte englische Terrier zurück – den Old English Black & Tan Terrier bzw. den Old English Broke Haired Terrier und den Fox-Terrier. Er hat eine natürliche Schwäche für die Niederwildjagd. In Wales wird er aber auch als Meutehund für die Fuchs- und Dachsjagd verwendet. Mit seinem unerschrockenen und fröhlichen Wesen empfiehlt er sich als Begleithund mit einer Begabung zum Wachhund, ohne jedoch aggressiv zu sein.

Körperbau & Wesen

Der flinke, immer einsatzbereite Welsh Terrier ist gut proportioniert und kompakt. Er hat robuste, muskulöse Läufe und einen guten Knochenbau. Er erreicht bis 39 cm und ein Gewicht von 9 bis 9,5 kg. Sein Kopf ist länglich, der Schädel flach, mit einem nicht zu markanten Stop und einem starken Gebiß. Den Behang trägt er nach vorn oder gegen die Wange. Sein Hals ist mittellang und leicht gebaucht, die Brust nach unten gewölbt. Er ist reichlich behaart. Keine Unterwolle gilt als Fehler. Die Farbe des Fells ist vorzugsweise Schwarzrot oder Grauschwarz mit Rot ohne schwarze Flecken (Bleistiftstrich) an den Zehen. Schwarz unterhalb des Fersenbeinhöckers gilt als Makel. Die Rute wird gewöhnlich kupiert.

Tips

Abrichtung

Der liebenswürdige und gehorsame Welsh Terrier ist leicht zu führen. Seine Erziehung muß früh einsetzen. Wie alle Terrier kann er sich gelegentlich stur und eigensinnig zeigen. Dieser lebhafte Hund kennt keine Furcht. Er ist nicht aggressiv und kann sich durchsetzen, wenn sich die Notwendigkeit ergibt.

Stadthaltung

Er kann auch ohne Schwierigkeiten in der Stadt gehalten werden, wenn man ihn regelmäßig ausführt. Sein Fell ist regelmäßig zu bürsten sowie drei- bis viermal jährlich zu trimmen.

Ernährung

Dieser Hund verursacht nicht viele Umstände. Ist er erst einmal an einen bestimmten Nahrungstyp gewöhnt, wird er sich damit zufriedengeben und keine weiteren Ansprüche stellen. Bei hochwertigen Pellets sollte man 170 bis 200 g durchschnittlich am Tag verabreichen. Von Pellets oder Büchsenfutter müssen im Mittel 800 g täglich gegeben werden.

Der Welsh Terrier ist ein ausgezeichneter Begleithund.

Kurzhaarteckel

Der Kurzhaarteckel, der der beliebteste und zugleich älteste Schlag ist, ist für die Arbeit über der Erde und im Bau gleichermaßen beliebt.

Die Teckel machen auf der Jagd alles mit. Sie sind kleine, intelligente Partner, von denen man alles verlangen kann.

Jagdeignung

Der Kurzhaarteckel ist sowohl für Baujagd und Fährtenarbeit, Stöbern und Buschieren einsetzbar, ursprünglich auch für die Schweißarbeit. Er ist mutig und beißfreudig und verfügt über einen sehr gut entwickelten Geruchssinn. Er wird vor allem für das Heraustreiben von Fuchs und Dachs aus dem Bau verwendet, aber auch zum Buschieren. Es gibt ihn als Normalschlag (7 kg), Zwergteckel (4 kg) und Kaninchenteckel (3,5 kg), der noch in den kleinsten Bau paßt.

Körperbau & Wesen

Der Kurzhaarteckel ist der älteste Teckelschlag. Er ist kurzläufig und kompakt, darf aber weder plump noch schmächtig wirken. Der langgestreckte Kopf verjüngt sich zum Nasenschwamm hin. Die Augen liegen seitwärts. Der flache Behang ist hoch, der vordere Saum liegt dicht an der Wange an. Der Hals ist muskulös und trocken. Die Vorderläufe sind muskulös. Das Haarkleid ist einfarbig (rot, rotgelb, gelb), zweifarbig (schwarz, braun, grau mit hellbraunen Abzeichen), gefleckt (Grundfarbe Hellbraun, Hellgrau oder auch Weiß, mit dunkelbraunen, dunkelgelben oder schwarzen Abzeichen), manchmal auch gestromt.

Ernährung

Seinem bettelnden Blick bei Tisch darf man nicht nachgeben, sonst wird er schnell zu dick. In Jagdzeiten bekommt er eine doppelte Ration. Sonst rechnet man für den Normalschlag ca. 190 g Fleisch pro Tag.

TIPS

Abrichtung
Der unabhängige Teckel ist nicht so unterwürfig, wie man meinen könnte, der Kurzhaarteckel noch weniger als die anderen Schläge. Er ist aber relativ leicht abzurichten. Man darf nur nicht zu schnell nachgeben.

Stadthaltung
Er kann problemlos in der Wohnung gehalten werden. Doch seinen Auslauf fordert er kompromißlos ein: Wer in der Wohnung lebt, braucht noch lange nicht träge zu werden! Er braucht lange Spaziergänge. Mit Kindern versteht er sich gut.

Rauhhaarteckel

Der Rauhhaarteckel ist ein ausgezeichneter Erdhund, der selbst vor recht geruchsintensivem Wild nicht zurückschreckt. Auch zu Hause ist er ein angenehmer Gefährte.

Jagdeignung

Die Spezialität des Rauhhaarteckels ist die Nachsuche auf angeschweißtes Haarwild wie Sauen und Rehe. Außerdem eignet er sich gut zum Stöbern und Buschieren. Er ist mutig und ausdauernd und hat eine sehr gute Nase. Als exzellenter Dachs- und Fuchsjäger ist der Rauhhaarteckel in seiner Kategorie sozusagen ein Allroundtalent. Es gibt ihn als Normalschlag (7 kg), Zwergteckel (4 kg) und Kaninchenteckel (3,5 kg). Der Kaninchenteckel, der auch in den engsten Bau paßt, wurde speziell für die Kaninchenjagd gezüchtet.

TIPS

Abrichtung
Man sollte bereits einige Erfahrung mit Hunden haben, da er relativ schwierig abzurichten ist.

Stadthaltung
Der Rauhhaarteckel ist für ländliche Gebiete besonders geeignet, kann aber auch in der Wohnung gehalten werden.

Körperbau & Wesen

Er ist wahrscheinlich eine Kreuzung zwischen Kurzhaarteckel, Schnauzer, Pinscher und Dandie-Dinmont-Terrier, eine Mischung, die ihn von den anderen Teckeln unterscheidet. In ihrer Erscheinung sind sich jedoch alle Teckel ähnlich: Sie sind kurzläufig, kompakt und dürfen weder plump noch schmächtig wirken. Der langgestreckte Kopf verjüngt sich zur Nasenspitze hin. Die ovalen Augen befinden sich seitwärts am Kopf. Der Behang ist hoch, eher hinten angesetzt und liegt dicht an der Wange an. Der Hals ist muskulös und trocken. Die kräftigen Vorderläufe eignen sich gut zur Erdarbeit. Das Haarkleid ist meist graubraun mit hellbraunem Fang und Pfoten. Als Grundfarbe gibt es die schwarzbraune »Wildsaufarbe« oder die graubraune »Dürrlaubfarbe«.

Ernährung

Normalerweise rechnet man ca. 190 g Fleisch pro Tag, jedoch nicht mehr, sonst wird der Hund zu dick. In Jagdzeiten bekommt er das Doppelte.

Teckel sind als ausgezeichnete Schweißhunde bekannt und werden viel in diesem Bereich eingesetzt. Durch diese Rasse sind einige Liebhaber erst auf die Nachsuche gekommen.

Langhaarteckel

Der edelste Schlag der Teckel ist dennoch ein ausgezeichneter Jäger. Er kann von allen am leichtesten in der Wohnung gehalten werden.

TIPS

Abrichtung
Der Langhaarteckel ist nicht schwer abzurichten. Er ist anhänglich, ein guter Schauspieler und Charmeur und braucht deshalb eine feste Hand.

Stadthaltung
Der edle Langhaarteckel wurde eher als Begleit- denn als Jagdhund aus der Taufe gehoben. Er kann problemlos in der Wohnung gehalten werden, denn er ist mit Sicherheit der ruhigste und anhänglichste unter den Teckeln.

Jagdeignung

Trotz seiner eleganten Erscheinung ist der Langhaarteckel ein ausgezeichneter und ebenfalls sehr vielseitiger Jäger. Erdarbeit, Rotfährte, Stöbern und Buschieren liegen ihm gleichermaßen. Er ist mutig, raubzeugscharf und ausdauernd. Er hat einen sehr gut entwickelten Geruchssinn, den er vor allem im flachen Gelände nutzen kann. Es gibt ihn als Normalschlag (7 kg), Zwerg- (4 kg) und Kaninchenteckel (3,5 kg).

Körperbau & Wesen

Er unterscheidet sich vom kurzhaarigen Schlag nur durch sein langes, seidiges, anliegendes und leicht gewelltes Haar. Er ist kurzläufig und kompakt und darf dennoch nicht plump wirken. Der langgestreckte Kopf verjüngt sich zum Nasenschwamm hin. Die ovalen Augen befinden sich seitwärts am Kopf. Die flachen Ohren sind hoch, eher hinten angesetzt und liegen dicht an der Wange an. Der Hals ist muskulös und trocken. Die kräftigen Vorderläufe des Langhaarteckels eignen sich gut zur Erdarbeit. Das Haarkleid ist in allen Schlägen entweder einfarbig rot oder schwarz mit roten Brandflecken. Gelegentlich kommt auch die Farbe Weiß an wenigen Stellen vor.

Ernährung

Seinem flehenden Blick darf man nicht nachgeben! Seine Ration, die beim Normalschlag ca. 180 g Fleisch pro Tag beträgt, wird in Jagdzeiten verdoppelt.

Teckel sind sympathisch und gut in der Wohnung zu halten, sie verstehen sich mit der ganzen Familie.

Bassett Hound

Der Bassett ist ein weitverbreiteter Begleithund geworden. Trotzdem bleibt er aber auch ein hervorragender Jagdhund.

Sein auffälliger Hals und seine Widerstandskraft sind die Haupttrümpfe dieses netten englischen Bassett.

Jagdeignung

Der Bassett wurde in England von Meutenführern aus französischen Jagdhunden gezüchtet und ist noch heute ein Spezialist der Hasenjagd. Da er für seine Größe sehr schnell ist, kann er aber auch alle Arten Hochwild, hauptsächlich jedoch Rotwild, jagen.

Körperbau & Wesen

Dieser kurzbeinige Hund ist trotz seines gedrungenen Körpers von eleganter Erscheinung. Er hat einen charakteristischen Kopf: von der mittelbreiten Stirn wird er zum trockenen Fang hin leicht schmaler. Die Behänge sind lang, tief und unterhalb der Augenlinie angesetzt. Er hat kurze Vorderläufe und einen langgestreckten, abfallenden Körper. Die Hinterläufe sind muskulös. Sein Haar ist entweder dreifarbig (schwarz, hellbraun und weiß) oder zweifarbig (limonenfarben und weiß).

Ernährung

Eine ausgewogene Ernährung ist für sein Wohlbefinden und seine Leistungsfähigkeit wichtig. Für den Haushund sollte man 500 g Fleisch pro Tag ansetzen, bei Beanspruchung in der Jagdsaison mehr. Neben den Mahlzeiten sollte man ihm auf keinen Fall zusätzlich etwas zu fressen geben.

TIPS

Abrichtung
Er ist ein gelehriger, aber auch ziemlich energischer Hund. Man sollte ihm Zeit zum Lernen lassen, dann wird aus ihm ein treuer Gefährte.

Stadthaltung
Heute wird er oftmals ausschließlich als Begleithund gehalten. Er kann in einer Wohnung leben, ohne apathisch zu werden. Er braucht, im Gegenteil, gerade dann viel Auslauf. Tägliche Spaziergänge, von Zeit zu Zeit auch länger, sind für ihn auch außerhalb der Jagdsaison wichtig.

Basset bleu de Gascogne

Dieser Liebhaber schwierigen Terrains mit sehr feiner Nase ist zuallererst für die Hasenjagd bestimmt, kann aber auch für jegliches andere Wild verwendet werden.

Jagdeignung

Der Basset bleu de Gascogne ist ein bemerkenswert intelligenter Hund. Er ist auf die Hasen- und Wildkaninchenjagd spezialisiert, kann aber auch bei der Jagd mit Schußwaffen auf anderes Wild eingesetzt werden. Man kann ihm zwar eine gewisse Langsamkeit vorwerfen, dafür ist er unvergleichlich beim Auffinden von Wildfährten, die durch schlechtes Wetter verdorben sind.

Diese schöne und gute Basset-Rasse vereint Nase und Stimme der großen Laufhunde mit den Vorzügen kleinerer Rassen. Dieser Kompromiß mit goldenem Charakter verdient volle Aufmerksamkeit.

Körperbau & Wesen

Der Basset bleu de Gascogne ist ein gedrungener kräftiger Hund mit kurzen Läufen. Sein hagerer, eher länglicher Kopf hat die Form eines Spitzbogens, seine dunkelbraunen Augen blicken etwas traurig. Die tief angesetzten Ohren sind lang, fein und eingerollt. Seine vorderen Läufe sind stark und gerade, seine Keulen muskulös. Sein Rücken ist lang und kräftig, und seine recht lange, manchmal etwas geknickte Rute ist gut angesetzt. Sein graues, blauschimmerndes und schwarzgeflecktes Haarkleid hat einige Spuren roter Farbe und besteht aus dichtem Fell.

TIPS

Abrichtung
Er ist intelligent und liebenswürdig und leicht zu dressieren. Eine einfühlsame, stufenweise Erziehung nimmt er am besten an.

Stadthaltung
Er kann in einer Wohnung leben, was bei Laufhunden eher selten ist, benötigt aber viel Auslauf, damit er sich gründlich verausgaben kann. Deswegen muß er täglich ausgeführt werden, am Wochenende sollten es längere Spaziergänge sein, selbst außerhalb der Jagdsaison. Er verträgt sich gut mit Kindern.

Ernährung

Man muß mit ca. 300 g Fleisch pro Tag bei häuslich zubereiteter Ration rechnen, bzw. dem entsprechenden Äquivalent an trockener oder frischer Komplettnahrung. Zum Erhalt seiner Gesundheit und Leistungsfähigkeit muß die Ernährung ausgewogen sein. Häuslich zubereiteter Nahrung sind die notwendigen Futterzusätze beizugeben. In der Jagdsaison kann seine Ration verdoppelt werden.

Beagle

Der populärste unter den Laufhunden scheint nur Vorzüge zu haben. Er ist vielseitig und eignet sich für die Jagd auf Nieder- ebenso wie auf Schwarzwild.

Jagdeignung

Der Beagle ist ein populärer Laufhund und wird über die Jagd hinaus auch ein sehr angenehmer Gefährte. Bei der Hasen- oder Kaninchenjagd arbeitet er meist in der Meute. Man findet ihn aber auch zunehmend bei Drückjagden auf Schwarzwild. Ausgestattet mit einer sehr feinen Nase und großer Ausdauer, ist er ein anspruchsvoller Hund, der allen Hindernissen der Welt trotzt, um zu seinem Ziel zu gelangen.

Körperbau & Wesen

Trotz seines gedrungenen Körperbaus fehlt es dem Beagle weder an Format noch an Eleganz. Er ist ein freundlicher, lebendiger und intelligenter Hund und nie launig. Er erreicht eine Schulterhöhe von 33 bis 40 cm. Sein kurzes Haar kann alle für Laufhunde zulässigen Farben annehmen, außer Dunkelbraun. Die Rute ist hoch angesetzt und wird lustig aufwärts getragen. Er hat eine ausgeprägte Muskulatur, einen kräftigen Kopf und lange, an den Enden abgerundete Behänge, die tief angesetzt sind und gegen die Wangen schlagen.

TIPS

Abrichtung
Der Beagle ist leicht abzurichten, er bevorzugt aber eine sanfte Erziehung. Dann entwickelt sich zwischen dem Jäger und seinem Hund eine feste und dauerhafte Beziehung.

Stadthaltung
Dieser äußerst treue, intelligente und anhängliche Hund ist auch als Begleithund gern gesehen. Aufgrund seiner Größe kann er durchaus auch in einer Wohnung leben. Er benötigt aber etwas Zeit, um sich auszutoben.

Ernährung

Im Haus sollte man ungefähr 320 g Fleisch pro Tag ansetzen, in der Jagdsaison mehr. Auch Fertignahrung genügt ihm, wenn sie ausgewogen ist. Er sollte zwischen den Mahlzeiten nicht gefüttert werden, auch wenn die Versuchung bei einem im Haus lebenden Hund groß ist.

Wegen seiner geringen Größe und seinem guten Jagdinstinkt ist der Beagle der am weitesten verbreitete Laufhund in Europa und der Welt.

Beagle Harrier

Dieser »Geländehund« ist für die Hetzjagd und die Jagd mit Schußwaffen geeignet. Außerdem gibt er einen angenehmen Begleiter ab.

Tips

Abrichtung
Da er zärtlich und lieb ist, sollte er auch mit Sanftheit und schrittweise erzogen werden, damit sich seine Talente voll entfalten können.

Stadthaltung
Er kann in einer Wohnung leben, benötigt aber viel Auslauf. Er ist ein guter Begleiter, verträgt sich gut mit Kindern und anderen Hunden, denen er in der Stadt begegnet.

Jagdeignung

Er eignet sich für das Brackieren, für die Jagd mit Schußwaffen sowie für jede andere Jagdart auch, in jedem Gelände und Klima. Der Beagle Harrier ist leidenschaftlich, spurlaut, ausdauernd und schnell und hat eine sehr feine Nase und vereint somit die jagdlichen Qualitäten eines Beagle mit der Kraft des Harriers. Er wurde für die Hasenhetzjagd geschaffen und zeigt ansonsten große Fähigkeiten bei der Jagd auf Wildschwein, Rehwild und Fuchs.

Körperbau & Wesen

Dieser edle Hund ist harmonisch proportioniert und hat einen mäßig starken Kopf mit einem recht breiten, voluminösen Schädel, einen im Profil etwas spitz zulaufenden Fang, einen gutentwickelten Nasenschwamm, weitgeöffnete, intelligent schauende Augen sowie recht kurze Behänge, die etwas abgerundet und an ihrem Ende leicht oval gedreht sind. Seine Brust ist gut ausgeprägt, er hat Läufe mit recht muskulösen Schultern und Keulen. Sein kurzer Rücken ist ebenfalls kräftig. Sein Haarkleid ist recht dick, flach und dreifarbig (rot mit schwarzweißem Mantel) mit roten, blassen oder dunklen Flecken. Graue bzw. weißgraue Dreifarbige entsprechen ebenfalls dem Standard der Rasse.

Ernährung

Sein Bedarf ist nicht sehr groß, und er ist nicht schwierig. Ob häuslich zubereitete oder industrielle Nahrung, ihm genügt alles. Man muß ca. 400 g Fleisch täglich einplanen, in der Jagdsaison etwas mehr. Zwischen den Mahlzeiten sollte man ihm nichts geben, insbesondere wenn der Hund im Haus lebt.

Der Beagle Harrier wurde zu Anfang des Jahrhunderts von Hetzjägern herausgezüchtet und ist ein sehr ausgeglichener Laufhund.

Harrier

Geschaffen für die Hasenjagd, ist er auch für den Fuchs gut. In Deutschland findet der niederläufige Laufhund wenig Verbreitung.

Der Harrier ist ein schneller und ausgezeichneter britischer Laufhund. Als guter, williger, unermüdlicher und disziplinierter Verfolger eignet er sich ebenso für das Brackieren wie auch für die Jagd mit Schußwaffen.

Jagdeignung

»Hare« ist ein englisches Wort und bedeutet »Hase«. Der Harrier, in England seit Jahrhunderten gezüchtet, ist also auf diese Jagdart spezialisiert und aus diesem Grund kleiner als die großen Laufhunde, aus denen er hervorgegangen ist. Er kann auch für das Wildschwein und den Fuchs verwendet werden, im Idealfall bildet er mit anderen Laufhunden eine Meute. Obwohl schnell und mit einer feinen Nase ausgestattet, findet er im deutschsprachigen Raum wenig Verbreitung, da die Meutejagd, für die er gezüchtet wurde, hier nicht praktiziert wird.

Körperbau & Wesen

Dieser starke, leichte und edle Hund hat einen ausdrucksvollen Kopf, einen recht langen Fang, einen horizontalen Schädel, einen gut entwickelten Nasenschwamm, nicht zu runde, dunkle Augen sowie V-förmige, fast flache Ohren. Sein Körper ist muskulös mit einer in der Höhe mehr als in der Breite entwickelten Brust. Die Rute ist mittellang, leicht geknickt und wird ansprechend getragen. Das Haarkleid besteht aus glattem, dichtem, nicht zu kurzem Fell mit weißer Grundfarbe und allen möglichen Schattierungen von Schwarz bis Orange.

Ernährung

Der unkomplizierte Harrier akzeptiert sowohl eine industrielle als auch häuslich zubereitete Nahrung. Die häusliche Ration sollte aus 650 g Fleisch täglich bestehen. Oft ist es besser, sich für industriell hergestellte Nahrung zu entscheiden, da diese billiger und insbesondere ausgewogener ist

TIPS

Abrichtung
Die üblichen Übungen, schrittweise vorgenommen, sind gut für ihn. Da man ihn recht schnell in der Hand hat, macht der energische Hund keine Probleme.

Stadthaltung
Als rustikales Wesen ist er für die Zwingerhaltung gemacht. Als wahres Energiebündel hätte er Schwierigkeiten, sich der Stadt anzupassen.

Anglo-français de petite vénerie

Dieser Hund ist mit den gleichen physischen Fähigkeiten wie die englischen Laufhunde ausgestattet und glänzt insbesondere auf der Hasenjagd.

Tips

Abrichtung
Dieser gehorsame und vertrauensvolle Hund ist leicht zu erziehen. Man kann ihm eine traditionelle Erziehung angedeihen lassen. Eine schrittweise gestaltete Ausbildung, die mit Sanftheit erfolgt, wird recht schnell Früchte tragen.

Stadthaltung
Trotz seines sanften Wesens ist der Anglo-français de petite vénerie kein Begleithund und dem Leben in einer Wohnung wenig angepaßt.

Jagdeignung

Dieser für die Hetzjagd vorgesehene Hund kann auch auf Jagden mit Schußwaffen mitgenommen werden. Der Anglo-français de petite vénerie stellt für den Jäger einen guten Kompromiß zwischen den physischen Fähigkeiten der englischen und den jagdlichen Qualitäten der französischen Hunde dar. Mit Schnelligkeit und einer feinen Nase sowie durch Pfiffigkeit und Spurtreue glänzt er insbesondere auf der Hasenjagd. Für das Reh, den Fuchs und das Wildschwein ist er ebenfalls geeignet.

Körperbau & Wesen

Der Anglo-français de petite vénerie ist gut proportioniert und solide gebaut. Sein Kopf ist länglich, aber nicht zu breit, mit einem etwas spitzen Fang, braunen Augen mit sanftem, lebhaftem Ausdruck, gut geöffneten Nasenlöchern sowie elastischen, etwas gedrehten Ohren. Seine Brust ist gut gewölbt und entwickelt, sein Rücken ist gerade und stark, seine Vorderläufe sind kräftig, ebenso wie seine Keulen. Das Fell ist entweder dreifarbig (weiß, schwarz, orange), schwarzweiß oder weißorange.

Ernährung

Diese ist in Abhängigkeit von seiner Aktivität sehr unterschiedlich. In der Jagdsaison ist seine Ration zu verdoppeln, die sich auf ca. 420 g Fleisch täglich beläuft. Man kann ihm auch zusätzlich eine leichte Mahlzeit direkt vor der Jagd verabreichen. Zum Erhalt seiner Gesundheit und Leistungsfähigkeit muß die Ernährung in jedem Fall ausgewogen sein.

Hinter der Bezeichnung Anglo-français de petite vénerie verbirgt sich eine rein französische Laufhundrasse.

Grand anglo-français

Dieser Hund vereint die Nase der französischen mit der Geschwindigkeit und dem Geläut der englischen Laufhunde.

Die Grand anglo-français sind ausgeglichene, gutgebaute Halbblüter und fleischgewordener Ausdruck bedeutender Zuchtfortschritte bei Laufhunden seit Anfang des 20. Jahrhunderts.

Jagdeignung

Der Grand anglo-français ist der für die Meutejagd am meisten verwendete Jagdhund. Er ist solide gebaut, rustikal und fühlt sich in jedem Gelände wohl. Obwohl mit weniger feiner Nase und weniger Stimmkraft ausgerüstet wie die typisch französischen Rassen, ist er trotzdem ein Experte für Hochwild.

Körperbau & Wesen

Zu dieser Rasse gehören, wie beim Français (s. Seite 82), drei Schläge: der kleine schwarzweiße mit großen schwarzen Platten, der weißorange bzw. weißhellbraune und der dreifarbige Schlag.

Diese Hunde haben einen recht kurzen Kopf und einen breiten, flachen Schädel mit hoch ansetzenden, an den Enden leicht gedrehten Ohren. Physisch gesehen, scheint bei ihnen alles kräftig zu sein.

Ernährung

Dieser rustikale Hund ist weder schwierig noch verfressen. Man muß mit ca. 500 g Fleisch pro Tag oder dem entsprechenden Äquivalent an industrieller Nahrung rechnen. Bei einer großen Meute, die aus 80–100 Hunden besteht, ist das nicht unwesentlich.

Für den Erhalt seiner Gesundheit und Leistungsfähigkeit ist eine ausgewogene Ernährung notwendig, bei der die traditionelle Suppe das wesentliche Element darstellt.

TIPS

Abrichtung

Bei diesem gegenüber dem Menschen freundlichen Hund gibt es kein besonderes Problem. Man sollte ihm eine sanfte, gestaffelte und gewaltfreie Erziehung angedeihen lassen, die zwar etwas mehr Zeit in Anspruch nimmt, aber dafür um so zuverlässiger ist!

Stadthaltung

Dieser Hund gehört in einen Zwinger und nicht in die Stadt. Er muß häufig ausgeführt werden, auch außerhalb der Jagdsaison.

Français

Der Français ist ein Spezialist für Hirsch, Wildschwein und Rehwild. Jede Art hat ihren eigenen Charakter und ihre eigenen Jagdgewohnheiten.

TIPS

Abrichtung
Dieser Meutehund ist anhänglich. Er sollte eine zärtliche, in Etappen aufgebaute Erziehung erhalten. Innerhalb der Meute findet jeder Hund in Abhängigkeit von seinen Fähigkeiten seinen angemessenen Platz.

Stadthaltung
Dieser Meutehund ist für die Zwingerhaltung gemacht, wo er sich frei bewegen kann. Häufiges Ausführen versüßt seinen Alltag, auch außerhalb der Jagdsaison.

Jagdeignung

Dieser große Jagdhund ist ein Spezialist auf Hirsch, Wildschwein und Rehwild. Gerühmt werden seine hervorragende Nase, das Geläut, seine Schnelligkeit und Ausdauer. Jedoch hat jede der drei Arten des Français ihren eigenen Charakter und ihre besonderen Vorzüge, was auf die unterschiedliche Abstammung zurückzuführen ist.

Körperbau & Wesen

Es gibt den Français in drei Farbschlägen: den kleinen schwarzweißen mit großen schwarzen Platten, den weißorangen bzw. weißhellbraunen und den dreifarbigen Schlag. Das Fell ist immer glatt und recht fein. Dieser elegante, gutproportionierte und muskulöse Hund vermittelt einen lebhaften, intelligenten Eindruck. Seine hoch getragene Rute unterstreicht dies. Sein Kopf ist eher länglich, er hat einen voluminösen, leicht gewölbten Schädel, einen gutentwickelten Nasentrüffel und große Augen. Der Hals ist lang und stark, die Brust tief und gut ausgebildet. Die Läufe sind insgesamt kräftig, die Vorderläufe sind stark und breit, die Keulen lang und muskulös.

Ernährung

Dieser rustikale Hund ist nicht schwierig und paßt sich ebensogut an industriell hergestelltes Futter wie auch an häuslich zubereitete Nahrung an. Wichtig ist die Ausgewogenheit seiner Ration, deswegen sind dem häuslich zubereiteten Futter die notwendigen Nahrungsergänzungspräparate beizumischen. Sein Bedarf beläuft sich auf ca. 500 g Fleisch, in der Jagdsaison ist es mehr.

Die französischen Laufhunde sind Symbol und Ausdruck einer über die Jahrhunderte gewachsenen Tradition: der Hetzjagd auf Hochwild.

Poitevin

Dieser Meutehund wird in Frankreich als Kleinod der Hetzjagd angesehen. Er ist ein leidenschaftlicher Jäger.

Jagdeignung

Dieser Hund der Hetzjagd zu Pferde jagt in der Meute. Im 19. Jh. gehörte die Wolfsjagd zu seinen Spezialitäten. Damals war er dafür berühmt, daß er auch Stechginster nicht ausließ. Heute glänzt er bei der Verfolgung von Hirsch und Rehwild. Der elegante Jäger ist mit einer Nase gesegnet, die es ihm erlaubt, eine Spur auch noch nach mehreren Stunden aufzunehmen. Aufgrund seiner außerordentlichen Widerstandsfähigkeit ist er in der Lage, das Wild lange zu verfolgen. Er ist sehr hartnäckig und schreckt vor keinerlei Hindernis zurück.

Der edle Poitevin vereint Kraft, Eleganz und Leichtigkeit und zeichnet sich durch eine starke Jagdpassion aus.

Körperbau & Wesen

Der Poitevin vermittelt den Eindruck von Kraft und Leichtigkeit. Er hat einen langen Kopf mit einem kleinen, leichten Höcker auf dem hinteren Teil des Schädels und große braune, schwarzumränderte Augen. Sein feiner, tief angesetzter Behang ist oft gedreht. Das Fell ist kurz, dreifarbig mit schwarzem, weißem oder orangefarbenem Mantel oder mit breiten Platten.

Ernährung

Dieser Hund verlangt lediglich nach ausgewogener Kost. Es sind 600 g Fleisch täglich oder ein dementsprechendes Äquivalent an Trocken- bzw. Frischfutter vorzusehen. Während der Jagd hat er einen höheren Nahrungsbedarf. Seine tägliche Ration ist dann um 50 % aufzustocken.

TIPS

Abrichtung
Er ist der geborene Jäger, was nicht heißen soll, daß er sich von allein abrichtet. Seine Erziehung hat langsam zu erfolgen, wenn man einen ausgeglichenen Hund haben möchte.

Stadthaltung
Dieses Meutetier, das besser in einer Hundehütte aufgehoben ist, eignet sich wirklich nicht für ein Leben in der Stadt. Sein Zwinger muß recht groß sein, damit er frei herumspringen kann, und er braucht häufig Auslauf.

Springer Spaniel

Dieser Alleskönner leistet gute Arbeit beim Suchen, Aufstoßen und Apportieren des Wildes. Seine fröhliche, freundliche Art macht ihn auch zu einem angenehmen Gefährten.

Jagdeignung

Dieser für schwieriges Gelände wie geschaffene Stöberhund steht nicht vor, sondern gibt Laut, um das Wild herauszustoßen.
Dank dieser besonderen Eigenschaft der Spaniels kann der Springer in dornigem Gebüsch, in Bach- und Flußbetten oder Gräben eingesetzt werden, kurz überall dort, wo das Wild erst abstreichen muß, ehe man es schießen kann. Zum Apportieren ist er veranlagt.

Körperbau & Wesen

Er ist der Spaniel mit den längsten Beinen und mißt bis zur Schulter mindestens 50 cm. Er hat einen kompakten Körper. Sein Schädel ist mittellang, ziemlich breit und leicht gewölbt. Vom Stirnabsatz steigt er an und bildet so einen ausgeprägten Stop. Der Springer hat einen kräftigen, muskulösen Hals ohne Wamme. Sein Haar ist dunkelbraunweiß oder schwarzweiß, teilweise mit hellbraunen Abzeichen.

TIPS

Abrichtung
Der Springer Spaniel ist ein gelehriger Schüler; es ist aber vor allem sein Herr, der lernen muß, mit ihm zu jagen. Denn er ist nicht einfach: ein unermüdlicher, passionierter Jagdhund, der schnell sehr viel Feld nimmt und ein Tier außerhalb der Reichweite aufstößt. Seine Intelligenz läßt ihn aber schnell begreifen, was von ihm erwartet wird.

Stadthaltung
Dieser temperamentvolle Hund weiß durchaus stillzusitzen, aber er benötigt Auslauf. Er kann sich gut an ein Leben im Haus gewöhnen und wird ein einfacher, fröhlicher und freundlicher Gefährte. Er hat sogar großes Bedürfnis nach Gesellschaft.

Ernährung

Dieser robuste Hund wiegt gut 20 kg. Man sollte auf Ausgewogenheit bei der Ernährung achten, denn bei ihm ist die Qualität des Futters mindestens ebenso wichtig wie die Menge. Seinen Hang zum Betteln sollte man auf jeden Fall zu unterbinden versuchen.

Dieser unermüdliche kleine Engländer ist vor allem Freunden der schnellen Jagd zu empfehlen.

Cockerspaniel

Dieser vielseitige Stöberhund ist von Natur aus apportierfreudig. Er wird aber auch ein angenehmer, seinem Herrn nahestehender Haushund.

Der Cocker Spaniel ist zwar ein verführerischer kleiner Begleithund, vor allem aber ist er ein äußerst geschickter Jäger von Haar- und Federwild.

Jagdeignung

Wie geschaffen für die Jagd auf Schnepfen, sucht dieser Hund in jedem Revier gewissenhaft in Schleifen quer und stößt auch das widerspenstigste Wild auf. Er ist auch für Drückjagden auf Schwarz- und Rehwild geeignet. Der Cockerspaniel schreckt nicht vor hohem Gras, Gestrüpp oder der Arbeit im Wasser zurück. Seine Größe ermöglicht es ihm, auch die Fährte von Kaninchen aufzunehmen und auszuarbeiten. Er ist zum Apportieren veranlagt.

Körperbau & Wesen

Dieser kleine Jagdhund, der nicht größer als 40 cm wird, hat schon mehr als einen Jäger überzeugt. Er ist ein freundlicher Geselle mit klugen, sanften, braunen Augen. Er hat einen typischen Kopf mit kantigem Fang und einem ausgeprägten Stop in der Mitte zwischen Nasenschwamm und Hinterhaupt. Der Schädel ist markant, die Behänge setzen in Augenhöhe an und sind lang behaart. Der Cockerspaniel hat kurze Läufe, eine gutentwickelte Brust sowie eine kurze, breite Lendenpartie. Sein relativ kurzes, seidig glänzendes Haar kann alle typischen Jagdhundefarben und Farbmischungen aufweisen.

Ernährung

Er ist ein echter Feinschmecker und schafft sich geheime Verstecke, um seiner Naschlust nachkommen zu können. Aber eigentlich sind seine Bedürfnisse eher moderat. Hat er nicht genügend Auslauf, nimmt er rasch zu. Zum Ausgleich sollte man während der Jagdsaison seine Mahlzeiten verdoppeln und zwar eher nach der Jagd.

Tips

Abrichtung
Dieser intelligente Hund versteht schnell, was von ihm erwartet wird. Er muß aber sehr gut abgerichtet werden, sonst wird er stets nur zum eigenen Vergnügen jagen.

Stadthaltung
Dieser temperamentvolle Hund fühlt sich wohler, wenn ihm wenigstens ein Garten zur Verfügung steht.

Schweizer Bracke

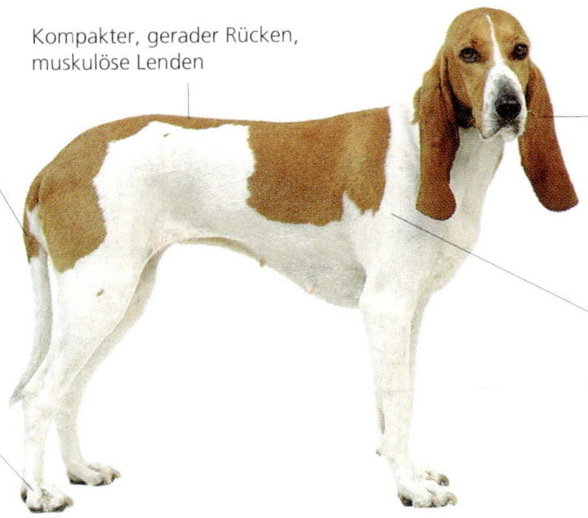

Die Schweizer Bracke sucht und hält die Wildfährte in jedem Gelände mit großer Sicherheit und Unabhängigkeit.

Jagdeignung

Der Schwyzer Laufhund hat einen sehr alten Stammbaum. Sein Vorkommen in Römisch-Helvetien ist belegt. Im 15. Jh. entdeckten ihn italienische Hundeliebhaber für sich, und ab dem 18. Jh. fand er in Frankreich wegen seiner außergewöhnlichen Eignung für die schwierige Hasenjagd Verwendung. Die einheimischen Zuchten wurden mit Sicherheit von Laufhunden französischer Rassen beeinflußt, die Lohnarbeiter mitbrachten. Seit 1882 gibt es für jede der fünf Formen des »Schwyzer Laufhundes« einen Standard. 1909 wurden diese Standards überarbeitet, und man stellte das Verschwinden des Thurgauer Laufhundes fest. 1933 wurde ein einheitlicher Standard für die vier Formen erstellt. Dieser Hund wird für die Treibjagd auf Hase, Rehwild, Schwarzwild und Fuchs verwendet. Er jagt selbständig und spurlaut. Selbst in schwierigem Gelände sucht und bewegt er sich mit großer Sicherheit.

Körperbau & Wesen

Mittelgroßer Hund, gutes Gebäude, das auf Kraft und Ausdauer schließen läßt. Der lange Fang und hagere Kopf mit langem Behang verleihen der Schweizer Bracke aristokratische Züge. Der Schädel ist länglich, gerade und schlank. Die Brust, die länger als breit und gut ausgebildet ist, reicht mindestens bis zum Fersenbeinhöcker des Vorderlaufs. Die Fellfärbung ist je nach Form unterschiedlich und wird nach dem Standard von 1933 folgendermaßen definiert:

- Berner Laufhund: weiß mit Flecken oder einer schwarzen Platte, über den Augen, am Fang, den Innenseiten des Behangs und um den Anus herum hell- bis dunkelrote Abzeichen;
- Jura Laufhund Typ Bruno: rot mit schwarzem Mantel, manchmal kohlschwarz oder schwarz mit roten Flecken über den Augen, am Fang, um den Anus und an den Läufen;
- Luzerner Laufhund: sehr stark grauweiß gesprenkelt, mit schwarzen Flecken oder Platten, hell- bis dunkelrot über den Augen, am Fang, auf der Brust, um den Anus und an den Läufen, ein schwarzer Mantel ist zulässig;
- Schwyzer Laufhund: weiß mit orangeroten Flecken oder Platte; manchmal ganz leicht gesprenkelt; ein orangeroter Mantel ist zulässig.

Ernährung

Dieser Hund wird wegen seiner Derbheit geschätzt und ist nicht schwierig zu ernähren. Bei starker Belastung und in der kalten Jahreszeit ist seine Ration diesen Umständen anzupassen, die ebenfalls von Gewicht und Größe des Hundes abhängt.

TIPS

Abrichtung
Obwohl er sanft, folgsam und seinem Herrn sehr verbunden ist, bedarf er von Anfang an einer konsequenten Erziehung.

Stadthaltung
Er benötigt Platz und Bewegung. Seine Pflege beschränkt sich auf regelmäßiges Bürsten.

Brandlbracke

Die Brandlbracke wird sowohl als Lauf- als auch Schweißhund gleichermaßen geschätzt und ist für schwierige Aufgaben besonders geeignet.

Jagdeignung

Die Brandlbracke wird als echter Nachfahre der keltischen Bracke angesehen. Wie bei fast allen Rassen älteren Ursprungs gibt es auch für diesen Hund keinen absoluten Beweis bezüglich seiner Herkunft vor Mitte des 19. Jh.
Dieser mittelgroße Laufhund ist außerhalb seines Herkunftslandes Österreich gering verbreitet. Aufgrund seiner ausgezeichneten Nase ist er besonders für die Jagd im Gebirge geeignet, bewältigt aber auch schwierige Aufgaben im Flachland. Mit seiner feinen Nase verfolgt er vor allem Hasenspuren mit großer Sicherheit. Er ist ausdauernd und spurlaut und wird sowohl als Lauf- als auch Schweißhund gleichermaßen geschätzt.

TIPS

Abrichtung
Aufgrund seines angenehmen Charakters verursacht seine Erziehung keine Probleme.

Stadthaltung
Er liebt es, sich zu verausgaben und benötigt Platz. Auf dem Land fühlt er sich wohler. Zur Fellpflege genügt regelmäßiges Bürsten.

Körperbau & Wesen

Die mittelgroße Brandlbracke hat ein solides, längliches, elastisches Gebäude. Ihr Schädel ist breit mit starkem Fang und gutentwickelten, aneinanderliegenden und regelmäßig pigmentierten Lefzen. Die Hängeohren sind zum Ende hin abgerundet und liegen am Kopf an. Sein sehr starker Hals ist mittellang, eine Kehlwamme ist unerwünscht. Das Haarkleid ist ca. 2 cm lang, glatt, enganliegend, dicht, fest und geschmeidig mit seidigem Schimmer. Es ist schwarz gefärbt mit wenigen roten Flecken, die deutlich abgegrenzt sind. Die sogenannten Brandlflecken sind über den Augen, am Fang, an der Brust und an den Pfoten.

Ernährung

Trockene und frische Vollwertnahrung oder, wenn bevorzugt, häuslich hergestelltes Futter. Für diesen Hund ist jeglicher Nahrungstyp geeignet, er verursacht keine besonderen Schwierigkeiten. Wird er stärker beansprucht, ist die Ration seinen Anstrengungen entsprechend zu erhöhen.

Sein ruhiger Charakter und seine Anhänglichkeit machen die Brandlbracke zu einem guten jagdlichen und häuslichen Begleiter.

Tiroler Bracke

Dieser passionierte Jäger ist der ideale Gebrauchshund für die Jagd im Wald und im Gebirge. Er zeichnet sich sowohl als Laufhund als auch Schweißhund aus.

Jagdeignung

Die Tiroler Bracke geht auf den keltischen Laufhund zurück. Bereits um 1500 griff Kaiser Maximilian I. in Tirol auf sie zurück. In seinen Jagdbüchern wird überliefert, daß man bei Treibjagden Tiroler Bracken verwendete. Um 1860 begann man in Tirol, diese Hunde speziell zu züchten, deren Standard 1896 beschrieben wurde. Im Jahr 1908 wurden sie als Rasse anerkannt.

Es handelt sich hierbei um den idealen Gebrauchshund für die Jagd im Wald und im Gebirge. Man verwendet ihn individuell als Laufhund bei der Hasen- und Fuchsjagd bzw. zur Schweißarbeit und Nachsuche bei angeschweißtem Haarwild.

Die Tiroler Bracke ist mit einer sehr feinen Nase begabt und ein passionierter Jäger, der aus natürlicher Veranlagung heraus ausdauernd sucht und das Wild verfolgt. Er ist ausdauernd, spurlaut und hat einen ausgezeichneten Orientierungssinn.

Körperbau & Wesen

Er ist mittelgroß und hat einen starken Knochenbau. 1994 wurden die kleineren Exemplare aus dem Standard ausgeschlossen. Dieser starke, muskulöse Hund ist lebhaft, robust und gesund. Der Form nach würde er in ein Viereck passen, das etwas länger als hoch ist. Sein Schädel ist breit, hager und leicht gewölbt. Zieht man seine Ohren leicht nach vorn, reichen diese bis an die oberen Eckzähne. Sein Hals hat mäßige Konturen, er ist weder zu schlank noch zu breit, eine Kehlwamme fehlt. Bei Erregung trägt der Hund die Rute hoch erhoben; eine säbelförmige Durchbiegung ist zulässig. Die Rute sollte vorzugsweise dicht mit starken Haaren besetzt sein. Die Farbe des Haarkleides ist Rot (Rot, Hirschrot, Gelbrot) oder Schwarz (schwarzer Mantel oder Platten mit roten Flecken mit unscharfen Konturen an den Läufen, auf dem Bug, am Bauch und Kopf). Es gibt auch dreifarbige Hunde. Die Farbe Dunkelbraun kommt bei Bracken idealerweise nicht vor.

TIPS

Abrichtung

Die Tiroler Bracke ist ein gehorsamer Hund mit einem ausgewogenen Charakter. Seine Erziehung bereitet keine Probleme, da es in seiner Natur liegt, seinem Herrn Freude bereiten zu wollen.

Stadthaltung

Er liebt es, sich zu verausgaben. Wird er regelmäßig ausgeführt, kann er sich an das Leben in der Stadt anpassen.

Ernährung

Auch wenn sein Nahrungsbedarf zur Jagdsaison höher ist, begnügt er sich zu normalen Zeiten mit Trocken- oder Dosenfutter, falls nicht auf eine häuslich zubereitete Nahrung zurückgegriffen wird. Letztere Variante ist die aufwendigste Lösung, denn man muß selbst auf Ausgewogenheit der Ration achten, die in einem Mal abends verabreicht werden sollte. Eine Möglichkeit ist auch das Mischen von Fertigfutter mit Flocken oder Fleisch.

Schwarzwildbracke

Sie ist dafür bekannt, daß sie eine frische Spur oder Fährte konsequent und sicher ohne zu ermüden verfolgt.

Jagdeignung

Diese slowakische Bracke ist eine Rasse alten Ursprungs. Sie ist aus alten Laufhundrassen hervorgegangen, die seit der Antike in Osteuropa bekannt waren. Dieser Hund, der einen ausgeprägten Geruchssinn hat, ist für die Ausdauer bekannt, mit der er eine frische Spur oder Fährte stundenlang spurlaut verfolgt. Weiterhin zeichnet er sich durch seine Schärfe und seinen bemerkenswerten Orientierungssinn aus, weswegen er insbesondere bei der Wildschwein- und Raubzeugjagd eingesetzt wird.

Körperbau & Wesen

Sie ist immer schwarz mit roten Flecken. Das rote Fell verteilt sich auf die Augenbrauen, den unteren Teil des Fangs, die Kehle, Partien von Brust und des unteren Beckens sowie die vier Pfoten bis etwa zur Ferse. Brackentypisch ist, daß diese Flecken stets hell- oder rotbraun sind, nie dunkelbraun. Die übrige »Jacke« ist stets tiefschwarz gefärbt. Die Schwarzwildbracke hat eine dichte Unterwolle, insbesondere in den Wintermonaten, die jedoch auch im Sommer nicht fehlen darf.
Trotz ihrer vergleichsweise leichten Statur (45–50 cm Schulterhöhe beim Rüden, 40–45 cm bei der Hündin, bei einem Gewicht von 15 bis 20 kg) hat sie ein solides Knochengerüst. Der Körperbau hat die Form eines gestreckten Dreiecks, bedingt durch die kräftige Ausbildung der vorderen Partie. Der Bug ist breit und gut gefüllt. Ideal für das Niederziehen kranken Schalenwilds ist der auffallend kurze und muskulöse, doch wohlproportionierte Hals. Die Wamme sollte idealerweise möglichst trocken, d. h. ohne überschüssiges Fell sein. Der Behang ist am unteren Ende abgerundet, mit kurzem Fell behaart und liegt flach am Kopf an. Dieser ist eher kräftig im Vergleich zu anderen Brackenarten. Der große und leicht zugespitzte Fang läuft in einem stets schwarzen Nasenschwamm aus. Von der Gesamterscheinung her imponiert der im Vergleich zur Brandlbracke etwas kräftigere, robuste und ausgeglichene Körperbau. Das ruhige Wesen und ihr Mut prädestinieren die Schwarzwildbracke als einen Begleiter für den Schalenwildjäger. Sie kann aber auch für Schutzhundzwecke eingesetzt werden.

Ernährung

Dieser robuste Hund ist nicht anspruchsvoll. Die tägliche Ration Fleisch von durchschnittlich 500 g kann in einem Mal verabreicht werden (vorzugsweise am Abend). Manche Züchter meinen, daß die Nahrungsmenge dem individuellen Bedarf jedes Hundes angepaßt werden muß.

TIPS

Abrichtung
Ihre Erziehung hat mit Strenge zu erfolgen. Im übrigen ist sie ein guter Wachhund. Aufgrund ihres lebhaften Temperaments ist sie als Begleithund nicht geeignet.

Stadthaltung
Sie fühlt sich wohl auf dem Land und braucht viel Bewegung. Ihre Pflege ist sehr einfach, regelmäßiges Bürsten ist ausreichend.

Deutscher Wachtelhund

Dieser mutige Hund ist ein »Geländespezialist« für die Jagd auf Niederwild und Raubzeug. Er ist ebenfalls ein guter Apportierhund.

TIPS

Abrichtung
Dieser Jagdhund ist ein guter Begleithund, jedoch ist von frühester Jugend an eine konsequente Erziehung notwendig.

Stadthaltung
Er benötigt Auslauf und Bewegung. Auch wenn er in der Wohnung gehalten werden kann, ist er kein Schoßhund. Zur Fellpflege genügt regelmäßiges Bürsten, und der Behang muß beobachtet werden.

Jagdeignung

Dieser mittelgroße deutsche Stöberhund mit Brackenblut ist der klassische Begleiter für den Nieder- und Hochwildjäger. Als »Allrounder« bewältigt er das Aufsuchen von Wild, die Nachsuche verletzter Stücke und besonders auch die Wasserjagd. Die einzige Lücke im Repertoire ist das Vorstehen – was er als Stöberer auch gar nicht soll. Das Apportieren reicht bis zu Stücken von Hasengröße, kräftige Rüden bringen auch einen Fuchs.

Körperbau & Wesen

Der Deutsche Wachtelhund wiegt durchschnittlich 20 kg. Die Schulterhöhe beträgt beim Rüden 48–54 cm und bei der Hündin 45–51 cm. Sein Körper ist deutlich gestreckt. Die Brust reicht tief nach unten, der Bauch ist leicht eingezogen. Sein Fang ist breit und robust mit einer großen braunen Nase. Es gibt den Deutschen Wachtelhund einfarbig dunkelbraun oder als sogenannter »Braunschimmel«, braun mit weißen Einsprengungen.

Ernährung

Seinem Hang zur Gefräßigkeit darf nicht nachgegeben werden. Ob Fertignahrung (500 g Fleisch im Durchschnitt) oder häuslich zubereitetes Futter – es wird in einem Mal abends verabreicht, so wie bei echten Jagdhunden üblich. Auf Ausgewogenheit des Futters sollte geachtet werden, das in der Jagdsaison etwas reichlicher zu bemessen ist.

Als einsatzfreudig und draufgängerisch bekannt, kann der Deutsche Wachtelhund ausdauernd in jedem Gelände arbeiten.

Deutsch-Kurzhaar

Der Deutsch-Kurzhaar ist ein vielseitiger Hund, der für die Arbeit bei jeder Jagd geeignet und zusätzlich noch ein hervorragender Gefährte ist.

Jagdeignung

Dieser kräftige Hund gilt als eine der bemerkenswertesten Jagdhunderassen. Bei Jägern ist er besonders wegen seiner Vielseitigkeit beliebt. Er fühlt sich selbst auf schwierigsten und ausgedehnten Flächen wohl und ist in jedem Gelände anzutreffen, da er populär und leistungsstark ist. Der Deutsch-Kurzhaar ist einer der wenigen kontinentalen Vorstehhunde, die sich mit den englischen Rassen sowohl bei der Jagd als auch bei Leistungsprüfungen messen können.

Körperbau & Wesen

Dieser elegante und kraftvolle Hund hat harmonische Linien und einen trockenen Kopf. Die Behänge sind abgeplattet und unterhalb der Augenlinie angesetzt. Sein Hals ist lang und ohne Wamme, die Lendenpartie kurz, die Kruppe breit und muskulös. Er hat einen geraden Rücken und lange abgerundete Seiten. Die Farbe ist entweder einfarbig Braun, Braunschimmel oder Schwarzschimmel (sogenannter Preußisch-Kurzhaar). Seine Schulterhöhe liegt zwischen 58 und 65 cm.

Tips

Abrichtung

Er ist ein leicht zu erziehender Hund, auch wenn er Charakter hat und weniger gehorsam als die französischen Bracken ist. Um ihn zu beherrschen, muß man nur genügend Autorität beweisen. Er ist ausgeglichen, und man kann ihm voll vertrauen, denn er reagiert stets zurückhaltend. Er trägt keinerlei Züge von Aggressivität, Furcht oder Reizbarkeit.

Stadthaltung

Er ist ein guter Begleithund, brav, gehorsam und freundlich, aber er braucht auch außerhalb der Jagdsaison regelmäßigen Auslauf.

Ernährung

Sein Nahrungsbedarf ist relativ groß, besonders während der Jagdsaison. Dann sollte seine Ration vergrößert werden. Er benötigt unbedingt eine ausgewogene Ernährung. Vollnahrung, die relativ preiswert und genau auf die Bedürfnisse des Hundes abgestimmt ist, dürfte am besten geeignet sein.

Aufgrund seiner Leistungsstärke und Tüchtigkeit ist dieser Vorstehhund deutschen Ursprungs zum beliebtesten Vorstehhund überhaupt geworden.

Kleiner Münsterländer

Dieser dynamische Hund ist der kleinste deutsche Vorstehhund.

Jagdeignung

Der Kleine Münsterländer ist ebenso eng wie der Deutsch-Langhaar mit dem französischen Épagneul breton verwandt. Die große schwarzweiße Form ist als »Großer Münsterländer« bekannt. Er ist ein hervorragender Jagdhund. Die Münsterländer sind feinnasige Vorsteh- und Nachsuchhunde, haben große Wasserpassion und sind zuverlässige Apportierer. Trotz seiner schnellen Suche entfernt er sich selten zu weit von seinem Führer. Er vereinigt die Eigenschaften eines Stöberhundes mit denen des Vorstehhundes und eignet sich somit gut für die Niederjagd.

Dieser kleine, kräftige braunweiße Vorstehhund vereinigt in sich Kraft, Schnelligkeit und Eleganz.

Körperbau & Wesen

Dieser Vorstehhund ist von eleganter Erscheinung und hat eine Schulterhöhe zwischen 50 und 56 cm (beim Großen Münsterländer zwischen 60 und 62 cm). Er hat einen trockenen Kopf, mit nicht zu breitem Oberkopf und kleinem Stop. Der Fang ist kräftig, lang und gerade. Der Behang ist breit, hoch angesetzt und fest am Kopf anliegend. Er hat eine tiefe Brust. Seine Läufe sind gerade und befedert. Er ist von braunweißer oder rotbrauner Farbe. Das Haar ist mittellang, fest anliegend und wenig gewellt. Er hat braune, möglichst dunkelbraune Augen.

TIPS

Abrichtung
Er hat Charakter und verlangt von seinem Besitzer hartes Durchgreifen. Aufgrund seiner Intelligenz ist er jedoch ein gelehriger Schüler. Seine Abrichtung sollte methodisch erfolgen, jeder Punkt genau bedacht werden.

Stadthaltung
Freundlich und anhänglich, gewöhnt er sich gut an ein städtisches Umfeld, vorzuziehen ist jedoch ein Garten mit ausreichend Auslauf.

Ernährung

Sein Nahrungsbedarf ist angemessen: 300 g Fleisch pro Tag, wenn er im Haus lebt, und bei starker jagdlicher Belastung müssen die Rationen vergrößert werden. Fertigfutter, das auf jedes Tier entsprechend seinen Bedürfnissen je nach Alter abgestimmt ist, genügt ihm ebenfalls.

Deutsch-Langhaar

Dieser ruhige Hund eignet sich für alle Jagdarten, ohne schnell zu ermüden.

Jagdeignung

Der Deutsch-Langhaar ist eine im deutschen Raum lange bekannte Rasse. Er hat verwandtschaftliche Beziehungen mit Stöberhunden und den langhaarigen französischen Vorstehhunderassen wie dem Épagneul breton. Er ist für seinen Spürsinn bekannt und paßt sich allen Jagdarten an. Desinteresse ist ihm fremd, und er strahlt viel Ruhe aus. Sein Suchen ist etwas kürzer, als das des Deutsch-Kurzhaars. Er beherrscht als Jagdart besonders die Wasserjagd.

Als guter Vorsteher ist der Deutsch-Langhaar gleichermaßen ruhig und ausdauernd.

Körperbau & Wesen

Der Deutsch-Langhaar ist ein Hund mit einem robusten, muskulösen Gebäude bei allgemein eleganter Gesamterscheinung. Er hat eine fein geschnittene Silhouette. Sein Hals ist robust, aber rassig und führt in eleganter Linie zu Schulter und Brust. Er hat einen edlen Kopf in angemessener Breite mit einem Schädel und Schnauze in gleicher Länge. Sein übriges Erscheinungsbild ist lebhaft, ohne Nervosität. Er ist braun gefärbt. Auf dem Rücken mißt sein Fell 3–5 cm, an den Seiten des Rumpfes, unter dem Hals, am Bug und am Bauch ist es etwas länger. Die Läufe müssen lang behaart sein, wobei die Fellänge zu den Pfoten hin abnimmt.

Ernährung

Ein Deutsch-Langhaar ist nicht anspruchsvoll. Beim erwachsenen Hund reicht eine Fütterung täglich, die allerdings ausgewogen sein sollte. Dazu kann man sich industriell hergestellten Futters bedienen, was gut zu dosieren und leichter anzuwenden ist.

TIPS

Abrichtung
Es handelt sich hierbei um einen gehorsamen, anpassungsfähigen Hund. Das ausgeglichene Tier läßt sich leicht erziehen, da er seinem Herrn Freude machen will, mit dem er sich sehr verbunden fühlt.

Stadthaltung
Er benötigt Raum und Bewegung und ist regelmäßig auszuführen, damit er sich entsprechend verausgaben kann.

Épagneul picard

Dieser vielseitig einsetzbare Jagdgebrauchshund eignet sich für alle Aufgaben. Er ist besonders wasserfreudig.

TIPS

Abrichtung
Er ist leicht zu führen und läßt sich problemlos dressieren. Dieser leidenschaftliche Hund ist für erfahrene Jäger geeignet. Da er ein gelehriger Schüler ist, wird eine verständnisvolle Erziehung schnell Früchte tragen.

Stadthaltung
Dieser Hund gibt sich mit wenig Platz zufrieden. Er kann in der Stadt leben, zieht aber wie jeder Jagdhund den freien Auslauf vor. Er ist leichtführig und sanft und liebt seinen Herrn sowie Kinder.

Jagdeignung

Der Épagneul picard ist ein robuster, sich gern verausgabender Hund. Er ist gut für die Ebene, Wälder und Sümpfe. Er zeichnet sich insbesondere in letztgenanntem Element aus, springt freudig ins Wasser und apportiert gut. Als »Allzweckhund« läßt er kein Biotop der Ebene aus, auch nicht Gestrüpp. Aber er bewährt sich auch bei der Feldsuche. Er ist ausdauernd und methodisch und läßt sich nicht entmutigen. Kurz, er entspricht dem, was ein Niederwildjäger von seinem Hund erwartet.

Körperbau & Wesen

Er hat ein weißgraues Haarkleid mit braunen Flecken. Der stämmige Épagneul picard hat eine Schulterhöhe von 55–60 cm. Sein Rücken ist leicht ansteigend. Er hat einen langen Kopf und einen ovalen Schädel. Die Vorderseite seines Kopfes ist lang mit einer gekrümmten oberen Linie. Die langen, recht niedrig angesetzten Ohren sind gut behaart. Die Rute ist ebenfalls behaart und wird bei der Arbeit tief getragen.

Ernährung

Dieser Hund ist nicht schwierig. Man muß mit ca. 400 g Fleisch pro Tag rechnen und dem Doppelten in der Jagdsaison. Industriell gefertigtes Futter genügt ihm. Man sollte dem Épagneul picard beim Betteln nach Futter nicht nachgeben, da er schnell korpulent werden kann.

Der Épagneul picard, der für die Suche in der Knicklandschaft und den Sümpfen bei feuchtkaltem Klima geschaffen wurde, zeichnet sich durch Mut und Ausdauer aus.

Épagneul breton

Dieser in Frankreich beliebteste Vorstehhund verdankt den Erfolg sicherlich vor allem seiner enormen Leistungsfähigkeit.

Jagdeignung

Er hat den Spitznamen »Mädchen für alles«. Der schnellste und wendigste französische Vorstehhund ist für jedes Wild, egal ob Haar- oder Federwild, und für jedes Revier, auch für Sumpf und Morast, hervorragend geeignet. Der Bretonische Vorstehhund verfügt über natürlichen Findewillen und große Bringfreude. Er ist ausdauernd und kann mehrere Tage hintereinander jagen. Mit seiner feinen Nase und der effektiven Suche kann er durchaus mit den »Feldspezialisten« mithalten.

Körperbau & Wesen

Mit seiner Schulterhöhe von 46 bis 51 cm ist er klein und stämmig, aber trotzdem elegant. Seine Intelligenz, die Lebhaftigkeit und sein Temperament machen ihn zu einem exzellenten Helfer im Revier. Er ist kurzrückig und sein Körper beschreibt ein Viereck. Er hat einen runden Schädel mit aufsteigenden Lefzen. Die Behänge sind kurz, dreieckig, hoch angesetzt und leicht befedert. Die Rute ist stets kurz und mißt ungefähr 10 cm. Manche Exemplare werden nur mit einer Stummelrute geboren, ansonsten wird ihnen die Rute in den ersten Lebenstagen kupiert. Das Haar ist weißorange, weißkastanienbraun, weißschwarz, dreifarbig oder geschimmelt.

TIPS

Abrichtung
Der Épagneul breton liebt seinen Herrn und würde alles tun, um ihm eine Freude zu machen. Da er schnell lernt, auch das Apportieren, stellt seine Abrichtung keinerlei Probleme dar. Im allgemeinen kann ein einfühlsamer Herr ihm schnell und einfach verständlich machen, was er von seinem Hund erwartet.

Stadthaltung
Der Bretonische Vorstehhund ist ein hervorragender Gefährte für einen Jäger aus der Stadt. Er ist nicht sehr groß, sehr anhänglich und versteht sich sehr gut mit Kindern.

Ernährung

Sein Nahrungsbedarf ist gering, er ist kein großer Esser. Pro Tag rechnet man ungefähr 300 g Fleisch. In der Jagdsaison benötigt er die doppelte Menge. Er akzeptiert auch Fertigfutter, sowohl in Fleisch- als auch in Trockenform.

Als passionierter Wasserhund und als Vorsteher sowie Verlorenbringer befriedigt der liebenswerte Jagdgenosse jeden Niederwildjäger.

Griffon

Für jedes Wetter und jedes Revier geschaffen, kann der Griffon aber auch ein lieber, gehorsamer Hund sein.

Jagdeignung

Kräftig und unempfindlich, geschützt von seinem derben Haar, ist der Griffon vor allem ein Spezialist für wasserreiche Gegenden. Da er sich auch in dichtem Gestrüpp als sehr nützlich erweist, findet er bei den Niederwildjägern weite Verbreitung. Er ist auch ein Hund für Feldreviere, und er steht fest vor. Auch die Arbeit nach dem Schuß liegt ihm.

Der Griffon bleibt stets nah bei seinem Herrn und ist ein ausdauernder Quersucher. Eifrig und vielseitig, hat er sich besonders wegen seines »dicken Fells«, das einen unleugbaren Vorteil darstellt, durchgesetzt.

Körperbau & Wesen

Er fällt insbesondere durch sein dickes, hartes, jedoch niemals krauses Haar auf, das ihn so unempfindlich macht. Er hat einen kräftigen Kopf, der sich durch kürzeres Haar, den ausgeprägten Bart und die starken Augenbrauen auszeichnet. Der Fang ist lang und breit, die Nase leicht konvex gebogen. Seine Behänge sind mittellang, flach anliegend. Er hat einen freien Hals, ohne Wamme und eine tiefe Brust. Sein Haar ist blaugrau mit braun, einfarbig braun oder weiß mit braun.

TIPS

Abrichtung
Auch wenn er nicht so aussieht, ist er doch gesellig und folgsam. Er ist leicht zu erziehen und fordert nur etwas Geduld beim Erlernen seines Handwerks als Jäger.

Stadthaltung
Er fühlt sich in der Stadt wohl, wenn er regelmäßig Auslauf bekommt. Er ist lieb, freundlich und gesellig, einfach ein perfekter Hausgenosse.

Ernährung

Sein Nahrungsbedarf hält sich in Grenzen. Er ist anspruchslos und mag Fertignahrung ebenso wie Hausgemachtes. Pro Tag rechnet man ungefähr 430 g Fleisch. In der Jagdsaison benötigt er eine größere Menge.

Deutsch-Drahthaar

Dieser vielseitige Vorstehhund erfordert beim Abrichten Geduld und Erfahrung. Er ist aber dennoch ein sehr angenehmer Hausgenosse.

Jagdeignung

Dieser Vorsteh- und Schweißhund vereint in sich das Maximum an Fähigkeiten. Er ist das Symbol dessen, was man hierzulande unter einem Jagdhund versteht. Aber auch im Ausland ist der Deutsch-Drahthaar inzwischen weit verbreitet und sehr beliebt. Hartnäckig und voller Energie ist er der ideale Wasserhund, der nie zögert, egal bei welchem Wetter. Sein derbes Haar macht ihn auch in schwierigen Revieren, im Holz oder im Gebirge unempfindlich.

TIPS

Abrichtung
Der Deutsch-Drahthaar ist ein hervorragender Jagdhund, wenn er gut abgerichtet wurde. Seine Erziehung erfordert etwas Geduld und Erfahrung. Er ist aufmerksam und gelehrig.

Stadthaltung
Dieser Hund kann durchaus in einer Wohnung leben, wenn man ihm klar und deutlich zeigt, wo sein Platz ist.

Körperbau & Wesen

Der Deutsch-Drahthaar ist von edler Art, lebhaft und energisch. Sein etwas derbes Erscheinungsbild entsteht durch sein hartes, dichtes, anliegendes Haar von dunkel- bis mittelbrauner Farbe (Kastanienbraun mit Weiß oder Hellschimmel sowie Schwarzschimmel). Die Augen sind möglichst dunkel. Er hat eine Schulterhöhe von 56 bis 67 cm und fällt auf durch sein hartes, derbes Äußeres. Sein Kopf ist mittelgroß mit kräftigem Fang, relativ freiem Hals und hoch angesetzten, mittellangen Behängen. Er hat einen kurzen, geraden, nach hinten abfallenden Rücken, eine kräftige Lendenpartie, eine lange Kruppe und kurze, wulstige Flanken.

Ernährung

Sein Nahrungsbedarf ist relativ reichlich, insbesondere während der Jagdsaison, wo er beinahe die doppelte Menge Futter benötigt. Für sein Wohlbefinden und sein Leistungsvermögen ist eine ausgewogene Ernährung unerläßlich.

Dank seiner Vielseitigkeit und seiner kräftigen Statur ist der Deutsch-Drahthaar vor allem ein praktischer Jagdhund.

Pudelpointer

Dieser ungestüme Hund liebt es, hinter Rebhuhn, Hase, Fuchs usw. herzujagen. Er ist übrigens ein ausgezeichneter Apportierhund.

Jagdeignung

Der Pudelpointer wurde Ende des 19. Jh. gezüchtet. Er ist aus einer Kreuzung zwischen Pudel und Pointer hervorgegangen. Der nicht weit verbreitete Pudelpointer ist ein robuster und schnittiger Jagdhund zugleich. Vom Pudel hat er unter anderem die Wasser- und Apportierfreudigkeit sowie die Lernfähigkeit geerbt, vom Pointer die feine Nase und den weiten Suchstil. Er ist ein ausgezeichneter Apportierhund und ein guter Begleiter für die Rebhuhn-, Hasen- und Fuchsjagd.

TIPS

Abrichtung

Er ist gehorsam und loyal, allerdings muß er von frühester Jugend an konsequent erzogen werden. Ist die Hierarchie erst einmal klar, erweist er sich als ein ausgezeichneter, lebhafter, zärtlicher und intelligenter Begleiter.

Stadthaltung

Wie seine Artgenossen benötigt auch er Platz und Bewegung. Die Pflege seines Fells ist nicht aufwendig, regelmäßiges Bürsten reicht.

Körperbau & Wesen

Der nach der Norm ideale Pudelpointer wird beschrieben als ein Hund, der wie ein schwerer Pointer gebaut ist, eine Schulterhöhe von 60 bis 65 cm hat und ein rauhes, hartes, nicht zu langes, dürrlaubfarbenes oder braunes Fell. Die Farben Weiß und Schwarz bzw. zu helle Farbschläge oder Schwarzmeliert sind unzulässig, wenn es sich nicht lediglich um einige unbedeutende Stellen handelt. Sein mittellanger, breiter Kopf ist mit struppigem Fell bedeckt, das einen Bart und buschige Augenbrauen ausbildet. Sein Rücken ist kurz und gerade, seine muskulöse Kruppe ist langgestreckt und leicht abfallend. Der Bauch muß schlank sein und sich zu den Hinterläufen hin etwas nach oben wölben, die Flanken sind kurz. Junghunde werden meist nach Jägerart kupiert, so daß die Rute bei Hündinnen bis zum unteren Rand der Vulva reicht und bei den Rüden das Geschröt bedeckt.

Ernährung

Der Pudelpointer frißt normal, d. h. er legt seine Gefräßigkeit ab, sobald man ihn an regelmäßige Mahlzeiten gewöhnt hat, was im übrigen bei allen Hunden so ist. Er verträgt jedes Futter, sowohl industriell hergestelltes Trocken- und Dosenfutter als auch selbstgefertigte häusliche Nahrung.

Der Pudelpointer ist ein solider Begleiter und jagdlich vielseitig einsetzbar.

Weimaraner

Dieser eleganteste der deutschen Vorstehhunde ist ein vielseitiger Jäger. Seine ruhige, gutmütige Art macht ihn aber auch zu einem liebenswürdigen Begleiter.

Jagdeignung

Er ist beharrlich und besitzt eine äußerst feine Nase. Sein tiefer Brustkorb macht aus ihm einen ausdauernden Läufer. Aufgrund seiner Vielseitigkeit ist der Weimaraner für jedes Gelände und jede Jagd geeignet, zu der ein Vorstehhund benötigt wird. Er steht sicher vor. Er paßt sich sowohl dem Buschieren als auch dem Treiben an. Außerdem wird er auch wegen seiner vorzüglichen Schweißarbeit geschätzt. Allerdings ist er ein Helfer, der gewisse Kenntnisse voraussetzt.

Der edelste der Vorstehhunde zählt gleichzeitig auch zu den vielseitigsten Rassen. Seine Beliebtheit, besonders in den USA, wächst unaufhörlich. Die Eigenschaften des Weimaraners ähneln denen der anderen Vorstehhunde deutschen oder mitteleuropäischen Ursprungs.

Körperbau & Wesen

Typisch für den Weimaraner sind seine Größe (ein Rüde hat eine Schulterhöhe von bis zu 70 cm, eine Hündin zwischen 57 und 65 cm) und die Farbe (Silber-, Reh- oder Mausgrau). Es gibt ihn mit kurzem oder langem Haarkleid. Er hat bernsteinfarbene Augen, einen trockenen, in Harmonie zur Körpergröße stehenden Kopf mit langem Fang und wohlgeformten Lefzen. Die Behänge sind ziemlich lang und breit. Sein Hals ist gewölbt, ohne Wamme, die Brust tief. Vorder- und Hinterläufe stehen parallel.

TIPS

Abrichtung
Er ist folgsam, gelehrig, ausgeglichen, gutmütig und leicht abzurichten. Aufgrund seiner Ausdauer ist er vielseitig im Gelände einsetzbar, wenn er gut abgerichtet wurde.

Stadthaltung
Um sich an ein Leben in einer Wohnung zu gewöhnen, benötigt er lange, regelmäßige Spaziergänge. Er wird jedoch zu einem guten, ruhigen Gefährten, der Kinder liebt und auch mit anderen Tieren friedlich zusammenlebt.

Ernährung

Sein Nahrungsbedarf ist nicht besonders hoch, während der Jagdsaison jedoch reichlich. Seine Ernährung sollte ausgewogen sein. Andernfalls könnte sich das negativ auf seine Gesundheit und sein Leistungsvermögen auswirken.

Pointer

Der Pointer gilt als absoluter Feldspezialist, kann aber auch zum Apportieren abgerichtet werden. Er ist ein temperamentvoller, einfach zu haltender und abzurichtender Gefährte.

TIPS

Abrichtung
Der Pointer benötigt eine sanfte Erziehung ohne Streß. Solange er jung ist, neigt er dazu, bei allem vorzustehen, was ihm vor die Nase kommt. Aber er weiß sehr schnell zwischen dem Wild, das man schießt und anderen Tieren zu unterscheiden.

Stadthaltung
Der Pointer ist sanft und zurückhaltend. Manche Tiere sind anhänglicher und können durchaus in der Stadt leben. Sie benötigen aber viel Auslauf und Abwechslung.

Jagdeignung

Der Pointer ist ein exzellenter Wildsucher und kann unter extremen Bedingungen arbeiten. Er steht fest vor und wartet auf das Eintreffen seines Herrn. Er gilt zwar als Feldspezialist, wird aber im deutschsprachigen Raum auch als vielseitiger Jagdgebrauchshund gezüchtet. Wird er zum Apportieren abgerichtet, bewältigt er sowohl im Wasser als auch an Land diese Aufgabe sehr gut.

Körperbau & Wesen

Durch seine sportliche Statur ist der Pointer, wie alle englischen Vorstehhunde, wie geschaffen für lange Reviergänge: die Brust ist tief, die Hinterläufe sind lang und muskulös, die Vorderläufe sind gerade und kräftig mit ovalen Pfoten und geschlossenen Zehen. Der Pointer hat einen intelligenten Gesichtsausdruck und einen edlen Kopf mit ausgeprägtem Stop. Er hat goldfarbene oder dunkelbraune Augen. Bei seinem Haar sind mehrere Farben gestattet, in der Regel auf weißem Grund. Er hat eine Schulterhöhe zwischen 55 und 65 cm.

Ernährung

Egal ob klassisch oder Fertigfutter, ihm sagt alles zu, wenn es nur von Qualität ist, denn er benötigt viel Energie. Da er, insbesondere in seinen inaktiven Phasen, zur Fettleibigkeit neigt, sollte man auf fette Nahrung verzichten. Es ist allerdings wichtig, ihn von klein auf gut zu ernähren, will man Schwächen, wie z. B. Mißbildungen der Gliedmaßen, die ihn beim Laufen behindern, vermeiden. Außerhalb der Jagdsaison sollte man 450 g, für den Jäger 700 g Vollnahrung pro Tag rechnen.

Oft als Vollbluthund bezeichnet, wird der Pointer dieser Definition durch seine Gestalt, seinen Gang und sein sprühendes Temperament voll gerecht.

Englischer Setter

Dieser begabte Meister seines Fachs hat einen ganz eigenen Stil und gehört zu den Hunden, die dieses Jahrhundert geprägt haben.

TIPS

Abrichtung
Er sollte sanft und schrittweise erzogen werden. Sein Herr tut gut daran, psychologisch vorzugehen. Als passionierter Jäger, der stets allen Wünschen seines Herrn zuvorkommen will, ist er aber dennoch kein schwieriger Hund.

Stadthaltung
Dieser Hund liebt die Jagd. Er ist sanft, ja sogar anschmiegsam, und gewöhnt sich gut an eine städtische Umgebung, wenn er seine Jagdtriebe befriedigen kann. Er braucht einen Garten.

Jagdeignung

Sein großer Vorteil besteht darin, daß er in allen Revieren zu Hause ist: Holz, Feld, Sumpf und Morast, ihm liegt alles. Sein langes Haar schützt ihn besonders im Gestrüpp vor Verletzungen. Der Englische Setter ist ebenso schnell, intelligent und ausdauernd wie der Pointer. Sein ausgeprägter Geruchssinn ermöglicht es ihm, das Wild trotz seines lebhaften Suchenstils vorzustehen. Als Spezialist für die natürlich vorkommenden Niederwildarten ist er der Liebling der betreffenden Jäger.

Körperbau & Wesen

Der Englische Setter ist ein eleganter, schlanker und kluger Hund mit tiefer Brust. Er hat einen charakteristischen Kopf: lang, schmal und leicht mit ausgeprägtem Stop. Der Fang ist lang und eckig. Der Schädel ist oval mit hervortretendem Hinterhaupt. Die Behänge sind tief und hinten angesetzt. Er hat intelligente haselnußbraune Augen. Der Hals ist kräftig. Die Größe variiert von 55 bis 65 cm. Sein Fell ist im Grundton weiß mit schwarzen (Blue Belton), orangen bzw. limonenfarbigen (Lemon Belton) oder leberbraunen (Liver Belton) Tupfen. Er kommt aber auch dreifarbig vor.

Ernährung

Da er kein Feinschmecker und auch nicht sehr groß ist, reichen dem im Haus gehaltenen English Setter 450 g Trockenvollnahrung pro Tag. Der Jagdhund jedoch benötigt sehr viel mehr, ca. 700 g pro Tag.

Wegen seiner Leistungsfähigkeit und Eleganz wird dieser englische Vorstehhund immer beliebter.

Gordon Setter

Dieser Vorstehhund wurde für die Arbeit in schwierigem Gelände gezüchtet. Er kann auch zum Apportieren abgerichtet werden. Er ist ein umgänglicher Hausgenosse.

Jagdeignung

Größer und kräftiger als English und Irish Setter, paßt sich der Gordon Setter an alle Reviere, auch an die schwierigsten und anstrengendsten, wie z. B. das Gebirge, an. Er eignet sich für die Jagd auf jedes Wild. Die Aufgabe des Apportierens erfüllt er ebenso, und er zögert auch nicht nachzusuchen, wenn ein Vogel ins Wasser gefallen ist. Er ist ein sehr führiger Hund.

Körperbau & Wesen

Als Vorstehhund von großer Klasse, intelligenter und würdevoller Erscheinung, ist der Gordon Setter mehr als reizvoll. Er hat lebendige, kluge Augen. Gegenüber seinen Wangen ist der Stop deutlich ausgeprägt. Er hat einen langen Fang und schlanke Ohren. Der Körper ist mittellang,

Der unempfindliche Gordon Setter ist der perfekte Jagdhund. Er ist wie geschaffen für die Probleme, die weite, unberührte Reviere mit sich bringen.

die Hinterläufe sind gut bemuskelt. Bis zur Schulter mißt die Hündin etwa 62 cm, der Rüde etwa 66 cm. Sein Haar ist von glänzendem Tiefschwarz, ohne Rotschimmer, jedoch mit warm glänzenden, mahagoniroten Abzeichen.

Ernährung

Aufgrund seiner Aktivität hat er Bedürfnisse, die nur eine gute Ernährung decken kann, egal ob in Form von Hausmannskost oder Fertignahrung. In der Jagdsaison sollten für ihn 700 g Trockenvollnahrung eingeplant werden, sonst reichen 450 g pro Tag.

Fett sowie alles, was ihn in seinen inaktiven Phasen dick machen könnte, ist unbedingt zu vermeiden. Ein Setter ist ein von Natur aus hagerer Hund, er sollte nicht dick gefüttert werden.

TIPS

Abrichtung

Er ist zum Vorstehen veranlagt. Die Arbeit beim Abrichten besteht nur darin, diese Anlage zu entwickeln. Aufgrund seines natürlichen Gehorsams wird er ein guter Gefährte, auch für Kinder, mit denen er gern spielt.

Stadthaltung

Dieser Hund ist glücklich, wenn er in der Natur frei laufen und jagen kann. In der Stadt muß für ihn unbedingt Zeit zum Austoben eingeplant werden.

Irischer Setter

Der Irische Setter ist ein hervorragender Jagdhund. Man könnte ihn einen Jagdliebhaber nennen. Mit seiner freundlichen Art kann er aber auch zum Verführer werden.

Jagdeignung

Der Irische Setter ist von seiner Größe her am besten für die Niederwildjagd im freien Feld geeignet. Er zögert aber auch nicht, sich ins Wasser zu stürzen. An sich ist er ein Alleskönner, egal welches Wild, egal welches Revier (Feld oder Holz). Wie alle Setter ist er sehr schnell und ausdauernd, im Unterholz jedoch drosselt er die Geschwindigkeit und verliert seinen Herrn nie aus den Augen. Mit ihm zu jagen benötigt etwas Erfahrung. Aber er ist ein leidenschaftlicher Jäger, der das Wild beharrlich verfolgt.

TIPS

Abrichtung
Der stürmischste der Setter erfordert etwas psychologisches Geschick. Die zahlreichen Fähigkeiten und sein energischer Charakter, verlangen nach einer subtilen Abrichtung.

Stadthaltung
Der Irische Setter fühlt sich auch in einer Wohnung wohl, wenn er regelmäßig Auslauf bekommt. Daher ist ein Garten dringend zu empfehlen.

Körperbau & Wesen

Dieser feurige Hund gilt als einer der schönsten Vorstehhunde überhaupt. Den Erfolg hat er seiner Eleganz und dem mahagoniroten Haar zu verdanken. Er hat einen schönen Kopf, lang und schmal, mit ausgeprägtem Stop. Er hat tief angesetzte, mittellange, feinbehaarte Behänge. Er hat gerade, muskulöse Vorder- und lange Hinterläufe. Sein Haar ist mittellang und bildet an der Rückseite der Läufe und der Rute Fransen. Der Irische Setter hat eine Schulterhöhe zwischen 55 und 70 cm und wiegt zwischen 20 und 30 kg.

Ernährung

Er ist kein Feinschmecker, in vernünftigen Mengen frißt er alles, ob Fertignahrung oder selbst zubereitetes Futter. Für ihn umfaßt eine normale Tagesration 450 g Trockenvollnahrung, in seiner aktiven Phase etwa 700 g.

Beim Irischen Setter sind Schnelligkeit und weite Suche gepaart mit hohem Leistungsvermögen.

Rhodesian Ridgeback

Dieser afrikanische Hund weist einen Streifen gegen den Strich wachsenden Fells auf dem Rückgrat auf, eine Besonderheit, die ihm den am meisten fotografierten Hunderücken bescherte.

Jagdeignung

Bereits vor Ankunft der niederländischen Siedler in Südafrika gab es dort eine Hunderasse mit einem »Ridge« (Grat) auf dem Rücken. Ab dem 17. Jh. kreuzten diese ihre eigenen Rassen ein. Durch züchterische Veränderungen entstand aus diesem Löwen- und Großkatzenjäger ein Wach- und Begleithund. In den Vereinigten Staaten, Großbritannien und den Niederlanden ist er sehr verbreitet. In Deutschland wird dieser Hund auch als »Saupacker« eingesetzt, da er die notwendige Schärfe besitzt.

Der Rhodesian Ridgeback wird mehr als Begleit- und Schutzhund als zu jagdlichen Zwecken eingesetzt.

Körperbau & Wesen

Er hat eine harmonische Silhouette, sein Schädel ist flach, recht breit zwischen dem Behang und darf am Ansatz keine Falten zeigen. Direkt hinter den Schultern bildet sein berühmter Rückenstrich zwei spiralförmige Wirbel bzw. Kronen. Die Form dieses Haarbüschels erinnert an ein breites, spitzes Schwert (bis zu 5 cm), das sich zur Kruppe hin verjüngt. Die Farbe seines Haarkleides reicht von Hell- bis Rotbraun. Kopf, Rumpf, Läufe und Rute müssen einfarbig sein. Etwas Weiß auf dem Bug und den Pfoten ist erlaubt.

TIPS

Abrichtung
Fremden gegenüber verhält er sich eher distanziert, er ist wachsam und hat einen ausgeprägten Territorialsinn. Er ist ruhig und selbstsicher. Seinem Herrn ist er sehr verbunden, ohne jedoch an ihm zu kleben. Er benötigt eine konsequente Erziehung.

Stadthaltung
Er benötigt viel Bewegung, sein bevorzugter Aufenthaltsort ist auf dem Land. Sein kurzes, dichtes Fell bedarf keinerlei besonderer Pflege und schützt ihn vor Witterungsunbill.

Ernährung

Einige Hunde überschreiten das Normgewicht von 30–40 kg. Die Ration muß der Größe des Hundes angepaßt werden. Es kann zweimal täglich gefüttert werden, wobei die abendliche Mahlzeit die mengenmäßig größere sein sollte. Eine ausgewogene, leicht verdauliche Nahrung, bestehend aus Pellets bzw. frischem Futter aus der Dose, bekommt ihm ausgezeichnet. Es ist auch praktischer in der Anwendung als häuslich hergestelltes Futter.

Épagneul de Pont-Audemer

Dieser Vorstehhund mit sympathischem Aussehen und Betragen leistet ebenfalls ausgezeichnete Wasserarbeit.

Jagdeignung

Der Épagneul de Pont-Audemer ist die Perle der Spaniel. Diese Kreuzung aus Épagneul picard mit diversen Wasserhundrassen ist vor allem ein Hund für das feuchte Element. Er springt unerschrocken und ohne zu zögern ins Wasser, was eine große Energie und Widerstandsfähigkeit gegenüber Kälte und Feuchte voraussetzt. Bei der Suche ist dieser robuste Hund sehr eifrig. Er steht auch recht fest vor. Als guter Stöberer ist er beinahe jedem Gelände angepaßt. Ebenso apportiert er hervorragend.

Dieser Spaniel zeigt am Wasser und im Sumpf, was er kann. Sein dickes, leicht fettiges Fell macht ihn gegenüber Kälte und Wasser fast unempfindlich.

Körperbau & Wesen

Dieser neugierige Vorstehhund ist stark. Seine Schulterhöhe beträgt 50–60 cm, für einen mittelgroßen Hund ist er recht stämmig. Sein Schädel, dessen Haarpracht sich auf den Ohren fortsetzt, ist rund; sein Kopf etwas spitz. Die niedrig angesetzten Ohren sind behaart. Die Wangen bedeckt glattes, kurzes Fell, den übrigen Körper üppig gelocktes Haar. Der Hals ist schlank, der Rücken kurz, die Flanken treten etwas hervor. Die Farbe seines Haarkleides ist Kastanienbraun und Graumeliert mit Reflexen.

TIPS

Abrichtung
Dieser leichtführige, geduldige und sanfte Hund paßt zu fast jedem Jäger. Eine sanfte Erziehung wird schnell Früchte tragen.

Stadthaltung
Für diesen rustikalen Hund, der sich an das Leben in der Stadt perfekt angepaßt hat, ist ein Haus mit Garten das Minimum. Er ist freundlich und liebt Kinder, denen gegenüber er grenzenlos geduldig ist.

Ernährung

Sein Nahrungsbedarf bewegt sich in einem vernünftigen Bereich: bei häuslich zubereiteter Kost muß man mit 400 g Fleisch täglich rechnen. Industrielles Futter, ob trocken oder frisch, schmeckt ihm auch.

Kurzhaariger ungarischer Vorstehhund

Dieser vielseitige Hund ist leicht auszubilden und wird sowohl ein guter Helfer bei der Jagd als auch ein angenehmer Hausgenosse.

Jagdeignung

Der Kurzhaarige ungarische Vorstehhund (Magyar Vizlar) ist allen Situationen gewachsen. Seine Stärken sind aber die Suche im Feld und das Apportieren von Niederwild. Wie alle mitteleuropäischen Rassen eignet er sich für Jäger, die verschiedene jagdliche Fächer praktizieren. Im Gelände ist er ein folgsamer Hund, den man fast schon als anhänglich bezeichnen muß.

Körperbau & Wesen

Er ist nicht nur ein geschickter Jäger, sondern auch sehr schön. Sein Körper ist wohlproportioniert, sein Haar glänzend und von sandgelber Farbe. Helle Augen sind nicht erwünscht. Er hat ein vorstehendes Hinterhaupt und eine gerade, parallel zum Stirnansatz abfallende Nase. Der Fang ist kantig und kräftig. Die Behänge sind mittellang, ziemlich breit und eng an den Wangen anliegend. Die Rute ist recht tief angesetzt und auf 2/3 ihrer normalen Länge kupiert. Bis zur Schulter mißt er 50–65 cm.

Tips

Abrichtung
Der Kurzhaarige ungarische Vorstehhund hat viele Vorzüge, er ist gehorsam, freundlich und gibt viel Anlaß zur Freude. Aufgrund seiner Intelligenz stellt er uns beim Abrichten nicht vor Probleme. Er ist zum Apportieren veranlagt.

Stadthaltung
Dieser freundliche, anhängliche Hund ist ein sympathischer, Bewegung liebender Hausgenosse. Spaziergänge sind für ihn daher unverzichtbar.

Ernährung

Sein Nahrungsbedarf ist nicht sehr reichlich. Pro Tag rechnet man ungefähr 400 g Fleisch. In der Jagdsaison benötigt er eher die doppelte Menge. Auch Fertignahrung, die auf jedes Tier entsprechend seinen Bedürfnissen je nach Alter abgestimmt ist, genügt ihm.

Im Gelände ist der Vizlar ein folgsamer, ja anhänglicher Hund, mit der für Vertreter der kontinentalen Vorstehhundrassen klassischen, sorgfältigen Suche. Er steht gut vor und verfügt über enorme Bringfreudigkeit.

Golden Retriever

Bei uns vor allem als Familienhund bekannt, ist der Golden Retriever bei guter Zucht ein vielseitiger Stöberer und noch besserer Apportierer.

Der intelligente Golden Retriever ist ebenso leistungsstark wie der Labrador, dabei aber eher ruhiger.

Jagdeignung

Seine Fähigkeiten ähneln denen des Labrador. Er kann das Wild auch unter schwierigsten Bedingungen aufstöbern. Egal ob es regnet, stürmt oder schneit, dieser unempfindliche, widerstandsfähige, kräftige Hund arbeitet in jedem Revier hervorragend, in Sumpf und Morast ebenso wie im Gestrüpp. Sein ausgezeichnetes Gedächtnis ermöglicht es ihm, das Wild in der Reihenfolge nachzusuchen, in der es gefallen ist. Man kann ihn auch zum Quersuchen einsetzen, auch wenn dies nicht zu seinen Spezialität gehört.

TIPS

Abrichtung

Es heißt, der Golden Retriever ist ruhiger und empfindlicher als der Labrador. Seine Erziehung erfordert daher auch etwas Fingerspitzengefühl: Wenn man ihn nicht zu hart anfaßt oder tadelt, sondern statt dessen oft belohnt, kann er sehr schnell abgerichtet werden.

Stadthaltung

Er paßt sich schnell an ein Leben in der Stadt an, wenn man sich mit ihm beschäftigt. Wie alle Retriever braucht er lange Spaziergänge, um sich auszutoben. Ein Garten wäre somit wünschenswert. Er ist aber ein ausgeglichener, geduldiger Hund, der zu seiner Umgebung sehr zärtlich sein kann.

Körperbau & Wesen

Auch äußerlich erinnert er an den Labrador, sein Körper ist aber gestreckter, sein Kopf runder und sein Haar gewellt oder mit Fransen. Er ist kräftig und wohlproportioniert, hat eine gewölbte Brust und kräftige, bemuskelte Hinterläufe. Sein Fell kann alle Schattierungen von gold- bis cremefarben annehmen. Einige weiße Haare an der Brust (keinesfalls aber Flecken) sind gestattet. Er erreicht eine Schulterhöhe von 50 bis 60 cm.

Ernährung

Pro Tag benötigt er etwa 400 g Rind-, Hammel- oder Lammfleisch oder 500 g Trockenvollnahrung. Um Mängel bei der Ernährung, die seiner Gesundheit und seiner Leistung schaden können, oder Überfütterung zu vermeiden, ist Fertigfutter, das auf die Bedürfnisse des Hundes genau abgestimmt ist, eventuell vorzuziehen.

Flat-coated Retriever

Der eleganteste unter den Retrievern brilliert bei der Wasserjagd. Er ist fügsam, freundlich und treu gegenüber seinem Herrn und ein familientauglicher Begleithund.

TIPS

Abrichtung
Dieser ruhige, aber energiegeladene und mit seinem Herrn sehr verbundene Hund ist sehr lernwillig. Das Lernen bereitet ihm keine Schwierigkeiten, da er ein gutes Gedächtnis hat. Allerdings bleibt er verspielt, so daß er sorgfältig abgerichtet werden muß.

Stadthaltung
Wie alle Retriever fühlt er sich im Haus wohl. Sein nervöses Wesen jedoch verlangt nach sehr viel Bewegung.

Jagdeignung

Fordert man ihn zur Suche auf, ist dieser Retriever der schnellste. Der zugleich nervöseste aller Retriever ist zu wahren Heldentaten fähig, wenn es z. B. darum geht, ein in die Strömung eines Flusses gefallenes Wild zu apportieren.
Retriever finden eine immer größere Verbreitung. Dieser Hund würde es verdienen, von den Jägern unseres Landes mehr beachtet zu werden.

Körperbau & Wesen

Er hat einen bemerkenswert lebhaften und intelligenten Ausdruck. Dieser schöne, freundliche und fröhliche Hund ist kräftig, ohne schwer zu wirken. Er hat eine gutentwickelte, recht breite Brust, sein Hinterteil ist muskulös und die Läufe sind rund und stark. Sein Kopf ist lang, der Schädel flach und nicht zu breit. Seine Ohren sind klein und liegen eng am Kopf an. Sein dichtes Fell ist an Läufen und Rute befedert, und sein glänzendes Haarkleid kann schwarz oder braun sein. Seine Augen sind dunkelbraun. Er mißt 56–61 cm.

Ernährung

Da der Retriever seine Arbeit auch im eiskalten Wasser verrichten muß, ist er kräftig gebaut, darf aber im Normalfall nicht schwerer als 30 kg werden. Es ist täglich mit 500 g Trockenfutter oder mit 400 g frischem Fleisch zu rechnen, während der Jagdsaison sogar mehr. Ein ausgewogenes Futter ist selbstverständlich.

Der Flat-coated Retriever fühlt sich im offenen Gelände, im Wald und im Wasser gleichermaßen wohl.

Labrador

Er ist vielleicht der weltweit am meisten eingesetzte Apportierhund. Dieser gutmütige Kerl ist der ideale Begleiter des Feldjägers.

Jagdeignung

Dieser kaltblütige Spürhund ohnegleichen läßt sich niemals von seiner Aufgabe abbringen. Der Labrador sucht das Wild, wenn er gesehen hat, wohin es gefallen ist, in der Reihenfolge nach, in der es gefallen ist. Er ist der Liebling der Jäger von Wasservögeln.

Kaum einer Rasse liegt das Verlorenbringen so im Blut wie dem Labrador; man muß es ihm während der Abrichtung erfahrungsgemäß kaum beibringen.

Kräftig und trotzdem elegant, so ist der Labrador zum bekanntesten Retriever geworden.

Körperbau & Wesen

Er ist muskulös und kräftig gebaut, hat einen kräftigen Schädel und eine breite, tiefe Brust, die ihm den Anschein von Stärke verleiht. Er hat einen charakteristischen Gesichtsausdruck: intelligent und aufmerksam. Auch sein Haar ist einzigartig: Es ist kurz, dicht und fühlt sich recht hart an. Die Unterwolle ist wetterfest. Er ist einfarbig, schwarz, dunkelbraun oder fahlgelb. Flecken sind nicht zulässig. Seine Schulterhöhe liegt zwischen 50 und 60 cm.

TIPS

Abrichtung
Der Labrador ist wahrscheinlich einer der am leichtesten abzurichtenden Jagdhunde. Er lernt schnell und merkt sich ganz genau, was man von ihm erwartet. Dabei sollte man immer darauf achten, daß die Erziehung in die richtige Richtung geht, denn auch Negatives behält er bestens im Gedächtnis.

Stadthaltung
Der passionierte Jäger und Naturfreund fühlt sich auch in städtischer Umgebung wohl. Seinen Herrn liebt er nämlich noch viel mehr als die Natur. Er ist aber sehr unglücklich, wenn man ihn den ganzen Tag allein läßt.

Ernährung

Man schätzt, daß ein Drittel aller Labradore an Fettleibigkeit leidet. Um dieser Gefahr vorzubeugen, sollte man schnell die für ihn beste Futtermenge herausfinden. Er ist nicht sehr anspruchsvoll und benötigt in der Regel nicht mehr als 400 g Rind-, Hammel- oder Lammfleisch pro Tag.

Bayerischer Gebirgsschweißhund

Dieser schnelle, widerstandsfähige, gewandte Hund mit entwickelter Nase und ausgeprägtem Jagdinstinkt ist ein hervorragender »Geländehund«.

Jagdeignung

Der Bayerische Gebirgsschweißhund hat Brackenblut und ist eng mit seinem großen Vetter, dem Hannoveraner Schweißhund – dem Nachsuch-Spezialist par excellence –, verwandt. Der Hund wird vom Gebirgsjäger wegen seiner besonderen Art bei der Schalenwildjagd geschätzt. Hierbei handelt es sich um einen schnellen, widerstandsfähigen und gewandten Hund. Er hat eine entwickelte Nase und einen ausgeprägten Jagdinstinkt.

Der Bayerische Gebirgsschweißhund hat besondere Qualitäten bei der Schalenwildjagd.

Körperbau & Wesen

Der Bayerische Gebirgsschweißhund ist mittelgroß (47–52 cm), eher leicht, sehr lebhaft und muskulös. Sein Körper ist leicht gestreckt mit etwas runder Kruppe und wird von nicht zu langen Läufen getragen. Der Bug ist gut entwickelt; die mäßig breite Brust ist deutlich ausgeprägt und lang. Er hat einen leicht gewölbten Bauch und einen starken, länglichen Kopf mit relativ breitem, etwas gewölbtem Schädel. Der Behang ist am Ende abgerundet, schwer und liegt dicht am Kopf an. Sein etwas rauhes Fell ist am Kopf und am Behang feiner, am Bauch, den Gliedmaßen und an der Rute ist es rauher und länger. Das Fell ist gelb bis rotbraun gefärbt. Bei Schweißhunden ist der Rücken intensiver gefärbt als der Rest des Körpers. Fang, Behang, Rücken und Rute sind oft braun bis schwarz meliert. Das dunkle Gesicht gibt ihm einen ernsten Ausdruck.

TIPS

Abrichtung
Dieser ruhige, ausgeglichene und gehorsame Hund ist sehr mit seinem Herrn verbunden. Seine Erziehung bereitet keine besonderen Schwierigkeiten.

Stadthaltung
Auf dem Land fühlt er sich wohler als in der Stadt, da er Platz und Bewegung benötigt. Sein Fell verlangt nach keiner besonderen Pflege, regelmäßiges Bürsten ist ausreichend.

Ernährung

Wie alle Jagdhunde sollte er seine tägliche Ration mit einem Mal abends erhalten. So kann er des Nachts verdauen und ist morgens sofort einsatzbereit. Er ist im allgemeinen kein schwieriger Hund. Stärkere Beanspruchung sollte durch ein Mehr an Nahrung kompensiert werden, damit der Hund bei Kräften bleibt.

Laika

Der erste Hund im All ist ein vielseitiger Jagd-, Schlitten- und Gespannhund.

Jagdeignung

Der Laika gehört zu der Familie der Spitze. Die Rasse bildet drei Arten aus: den Russisch-Europäischen Laika, den Westsibirischen Laika und den Ostsibirischen Laika. Diese Rasse ist auch außerhalb ihres ursprünglichen Lebensraumes stark in solchen Gebieten vertreten, in denen die Jagd eine wesentliche Rolle spielt, insbesondere in Mittelrußland, wo diese Hunde in großen Zentren gezüchtet werden. In den Wäldern Rußlands wird er unter anderem zur Elchjagd eingesetzt.

TIPS

Abrichtung
Dieser ausgeglichene, lebhafte Hund ist sehr, ja sogar ausschließlich auf seinen Herrn fixiert. Fremden gegenüber ist er mißtrauisch. Eine strenge Erziehung ist notwendig.

Stadthaltung
Sein Name bedeutet »Kläffer«. Von der Haltung in einer Wohnung wird abgeraten, da er viel Platz und Bewegung braucht. Zur Pflege seines Fells genügt regelmäßiges Bürsten.

Körperbau & Wesen

Der Laika ist ein lebhafter, immer wachsamer Hund. Es handelt sich um einen vielseitigen Jagd-, Schlitten- und Gespannhund. Er ist mittelgroß, hager und von robuster Konstitution mit einem gutentwickelten Knochengerüst, wobei sein Bau weder schwer noch derb wirkt. Seine Muskulatur ist stark und gut entwickelt. Die Form seines Schädels erinnert an ein gleichschenkliges Dreieck. Sein Fang ist langgestreckt, spitz, mit trockenen, gut geschlossenen Lefzen. Die Haut ist dick und ohne Falten. Aufgrund der stark entwickelten und dicken Unterwolle erscheint das Deckhaar etwas erhaben und dick. Laika-Hunde sind weiß, schwarzweiß oder grau in allen Abstufungen dieser Farben gefärbt. Schwarz ist erlaubt, ebenfalls gescheckte Hunde oder Hunde mit Flecken in korrespondierenden Farben.

Ernährung

Jede Nahrung ist möglich, da dieser Hund weder schwierig noch wählerisch ist. Er wird sich mit einer Ration täglich begnügen, sofern diese ausgewogen ist. Während der Jagdsaison sollte diese etwas größer ausfallen, da sich der Hund mehr als gewöhnlich verausgabt.

Es war eine Laika-Hündin, die als erster Hund 1957 die Erde in einer Raumkapsel umrundete.

Glossar

Anschneiden: unerwünschtes Fressen von Wildbret durch den Jagdhund.
Abführen, abrichten: einen Hund zu Gehorsam und weiteren grundlegenden Leistungen erziehen.
Appell: Gehorsam.
Apportieren: veranlagte oder erlernte Leistung des Hundes, wobei er ein totes Wild bringt.
Apportierholz, Apportierbock: Gegenstand, mit dem der Hund das Apportieren lernt.
Aufnehmen: der Hund bekommt die Witterung des Wildes im Laufen in die Nase.
Aufstöbern: der Spur eines Wildes folgen, um es herauszutreiben.
Ausrichten: einen Hund auf ein ganz bestimmtes Wild abrichten.

Bart: lange Haare am Fang des Hundes.
Bauhund: Teckel oder Terrier, der den Fuchs aus seiner Höhle treibt
Behang: hängende Ohren.
Blenden: Vorstehen ohne Wild.
Blinken: vorhandenes Wild nicht anzeigen.
Bracken: Hunderasse, die spurlaut auf einer Haarwildfährte jagt und das fliehende Wild wieder zum Ausgangspunkt zurückbringt.
Brand: rotbraune Fleckung am Fang, der Brust und den Pfoten einiger Rassen.
Breite Hinterhand: muskulöse, entfernt stehende Hintergliedmaßen.
Bringselverweiser: Jagdhund, der aufgrund spezieller Abrichtung seinem Herren durch ein am Halsband befindliches »Bringsel« anzeigt, daß er ein totes Stück Schalenwild in der Deckung gefunden hat.
Buschieren: kurze Quersuche des Jagdhundes im Gebüsch.

Einjagen: einen jungen Hund zum erstenmal zur Jagd mitnehmen.
Erdhund: Bauhund.

Fang: Schnauze.
Fänge: Eckzähne.
Fahne: lange Haare an der Unterseite der Rute.
Fährte: Spur der Paarhufer (Schalenwild) und des Auerwilds.
Fährtenarbeit: Aktion, bei der Laufhunde der Fährte des Wildes folgen.
Faseln: unsicheres Herumsuchen.
Feldarbeit: Prüfungsfächer bei Jagdhunden.
Feuchtglied: Penis.

Gegenrichtung: der Spur in entgegengesetzter Richtung folgen.
Geläut: Spurlaut des Bracken.
Geratewohl (aufs), Verlorenjagen: ohne Witterung jagen.
Gesäuge: Milchdrüsen.
Geschröt: Hoden.
Guter Suchenstil: große Systematik und Weite bei der Suche.

Halbblut: Tier, bei dem ein Elternteil ein Vollblut, d. h. reinrassig, ist.
Hals: weidmännische Bezeichnung für die Gesamtheit der stimmlichen Qualitäten des Jagdhundes.
Hasenrein: Nichtbeachtung von Hasen
heiße (läufige) Hündin: Hündin, die paarungsbereit ist.
Hetzhund: Hund, der einer zur Hetzjagd geeigneten Rasse entstammt.
Hochwild: Schalenwild außer Rehwild, Auerwild, Stein- und Seeadler. Früher dem Adel vorbehalten.

Irreführen: Tier lenkt den verfolgenden Hund auf die falsche Fährte.

Kläffer: Jagdhund, der leicht und schnell Hals gibt, ohne Wild zu jagen.
Klauen: Fußnägel.
Kreuzung: Einkreuzung einer anderen Rasse z. B. zur Veredlung.

Laufhund: Hunderasse, die zum Brackieren oder zur Meute/Hetzjagd eingesetzt wird. Im Alpenraum und Osteuropa bezeichnet man sie als »Bracken«.
Lautgeben: Bellen des Hundes.
Lösen (sich): Kot absetzen.

Meutenführigkeit: bei einem Laufhund, das Arbeiten in der Meute während der Jagd.

Nachprellen: fliehendem Wild ohne Befehl nachhetzen.
Nachsuche: Verfolgen von Fährte oder Wild durch den Hund.
Nässen: Wasser lassen.
Nase: Gesamtheit der olfaktorischen Fähigkeiten des Hundes.
Nasenrücken: Teil des Fangs zwischen Augen und Nasenschwamm.
Niederwild: historischer Begriff für das Wild, das auch Nichtadelige jagen durften (Federwild außer Auerwild und Adler, Säugetiere bis zur Größe des Rehwilds).
Niederjagd: Jagd auf Niederwild.

Retriever: Verlorenbringer, Apportierer.
Rückbeißer, Unterbeißer: Gebißstellung, bei der der Unterkiefer zurückgesetzt ist.
Rute: Schwanz des Jagdhunds.

Schärfe: charakteristisches Merkmal des Hundes, das Wild auch aggressiv zu verfolgen und zu stellen.
Schalenwild: Wild, das auf zwei »Hufen« geht (Paarhufer)
Schnalle: weibliches Geschlechtsorgan.
Schweiß: jägersprachlich für Blut.
Schweißhund: Hund, der für die Nachsuche auf verletztes Schalenwild spezialisiert ist.
Sprengen: heraustreiben eines Fuchses oder Dachses aus seinem Bau durch einen Erdhund.
Spur: Abdruck und Geruch von Nieder- und Rehwild.
Spurlaut: Eigenschaft, Laut zu geben, sobald der Hund auf einer Spur ist.
Spurtreu: Hund, der eine Spur exakt ausarbeitet, ohne sich ablenken zu lassen.
Stöberer: Hund, der das Wild aus seiner Deckung treibt, ohne es vorzustehen.
Stop: Einbuchtung, die Nasenbein von Stirn des Hundes trennt.
Stumm jagend: Hund, der so veranlagt ist, daß er weder spur- noch sichtlaut jagt.
Stummelrute: Rutenform, die oft angeboren ist.

Totverbeller: Hund, der bei Auffinden eines toten Stücks Laut gibt.

Unempfindlich: Eigenschaft des Hundes, sich an schwierige Situationen anzupassen.

Verbellen: nicht fliehendes, z. B. krankes Wild durch Bellen anzeigen.
Verlorenbringer: Jagdhund, der auf das Apportieren von Wild spezialisiert ist (engl. Retriever).
Verlorenjagen: Weitersuchen bei Jagdhunden, auch wenn sie die Fährte verloren haben.
Verlorensuchen: Fähigkeit des Jagdhundes, krankes Wild zu finden.
Vorstehen: Ein Hund steht vor, wenn er bei Anwesenheit von Wild oder bei Wildwitterung erstarrt und das Wild dadurch dem Herren anzeigt.

Waidloch: After.
Wamme: herabhängende Hautfalte an der Kehle des Hundes
Wasservögel: Gesamtheit des im Wasser lebenden Federwilds
Weidwerk: Jägerei
Winkelung: Stellung der Gelenke zur Vertikalen, vom Rassenstandard vorgeschrieben.
Witterung: Gesamtheit der Ausdünstungen des Wildes.
Wölfen: gebären.
Wurf: die geborenen Welpen einer Tracht.

Zwingername: Beiname, der auf den Zwinger hinweist, aus dem der Hund stammt.

Register

Die **fettgedruckten** Zahlen weisen auf Seiten mit detaillierten Angaben zu Jagdeignung, Körperbau und Wesen, Ernährung, Abrichtung und Stadthaltung der jeweiligen Hunderasse hin.

Zuchtvereine

Verein Deutsch-Drahthaar
Prof. Dieter Birnbaum
W.-Rathenau-Str. 57
17489 Greifswald
Tel. u. Fax 03834/503687

Deutsch-Langhaar-Verband
Gerwin Günter
Forsthaus Schmidtmühle
36396 Steinau
Tel. 06667/339

Deutsch-Kurzhaar-Verband
Claus Kiefer
Germesheimer Str. 148
67354 Römerberg
Tel. u. Fax 06232/82002

Weimaraner-Club
Dr. Werner Petri
Konradin-Kreutzer-Str. 15
76185 Karlsruhe
Tel. 0721/575240
Fax 0721/8199501

Verein Deutsch-Stichelhaar
Hans Reuter
Hasenweg 2
26632 Ihlow-Ostersandes
Tel. 04945/577

Verein f. Pointer u. Setter
Jürgen Gibramczick
Intweg 2
27612 Loxstedt
Tel. 04740/772
Fax 04740/1354

Verein Hirschmann
LFM Dr. Georg Volquardts
Bahnhofstr. 16
24783 Osterrönfeld
Tel. 04331/8107

Deutscher Bracken-Club
Heimo v. Elsbergen
Rheinberger Str. 8
40474 Düsseldorf
Tel. 0211/4707760
Fax 0211/4566947

Deutscher Bracken-Verein
Rainer Ludwig
Kühlerstr. 15
85125 Kinding
Tel. 08467/952

Beagle-Club Deutschland
Wolfgang Ellissen
Im Neugrabener Dorf 80
21147 Hamburg
Tel. 040/7023784
Fax 040/7028713

Schwarzwildbracken-Verband
Peter Knüpfer
Obereller Str. 85
99819 Förtha
Tel. u. Fax 036925/61302

Verband Große Münsterländer
Bruno Oelmann
Stiftsplatz 5
45721 Haltern
Tel. 02364/3513
Fax 02364/2358

Verband Kleine Münsterländer
Ottohans Thiel
Am Hofacker 13
97708 Bad Bocklet
Tel. 09708/1472
Fax 09708/1301

Griffon-Club
Bernhard Elsemann
Markusstr. 1
46149 Oberhausen
Tel. 0208/8252639
Fax 0208/643157

Club f. Breton. Vorstehhunde
Helmut Halberstadt
Allergarten 2
29308 Winsen/Aller
Tel. 05143/8444
Fax 05143/2841

Verein Pudelpointer
Werner Rohe
Friedhofstr. 3
45731 Waltrop
Tel. 02309/72840

Verein Jagd-Beagle
Jürgen Herbst
Hatzevennstr. 27
52156 Monschau
Tel. 02472/2648
Fax 02472/3544

Jack-Russel-Terrier-Club
Sabine Detzen
Buchschachweg 7
88045 Friedrichshafen
Tel. 07541/941086
Fax 07541/44629

Verein Jagdgebrauchsspaniel
Bernd Krost
Manteuffelstr. 68
10999 Berlin
Tel. 030/61280582
Fax 030/61280583

Deutscher Retriever-Club
Prof. Dr. Thomas Wilk
Händelstr. 39
15827 Blankenfelde
Tel. 03379/370602
Fax 03379/370603

Verein Ungar. Vorstehhunde
Gerhard Delhougne
Fitger Str. 3
28209 Bremen
Tel. 0421/344988

Franz. Vorstehhunde »BBFL«
Max O. Weindler
Köstlerring 4
91275 Auerbach/Opf.
Tel. 09643/3742
Fax 09152/7096

Klub f. Bayer. Gebirgsschweißhunde
Andreas Mayer
Waldbahnstr. 3a
83324 Ruhpolding
Tel. 08663/2402
Fax 08663/2572

Laika-Club
Rüdiger Schmidt
Ausbau 4
17168 Jördenstorf
Tel. 039977/30337
Fax 039977/30303

Deutscher Reiter- u. Fahrverband »Meuten«
Günther Dörken
Schwarzer Weg 16
58256 Ennepetal
Tel. 02333/72258
Fax 02333/72181

Verein Dachsbracke
Hubert Kelle
Forsthaus Thomasmühle
96365 Nordhalben
Tel. u. Fax 09267/1831

Deutscher Teckel-Klub
Wolfgang Ransleben
Am Friedenshain 3
42349 Wuppertal
Tel. 0202/402219
Fax 0202/402319

Verein Jagd-Retriever
Hans Volker Bohlender
Elisenstr. 33
63739 Aschaffenburg

Verein f. Dt. Wachtelhunde
Hans-Heinrich Hemme
Am Hofe 14
29308 Winsen
Tel. u. Fax 05056/276

Gordon-Setter-Club Deutschland
Dr. Peter Reiser
Feldstr. 49
45549 Sprockhövel
Tel. 02324/78897
Fax 0234/9683879

Deutscher Jagd-Terrier-Club
Hans Schindl
Waldstr. 31
64683 Einhausen
Tel. u. Fax 06251/587144

Irish-Setter-Club
Werner Franke
Lindenallee 27
42899 Remscheid
Tel. u. Fax 02191/50789

Deutscher Pointer-Club
Georg Dorn
Schloß 1
96178 Pommersfelden
Tel. 09548/224
Fax 09548/223

Deutscher Fox-Terrier-Verband
Dr. Helmut Pleßke
An der Siedlung 8
07751 Isserstedt
Tel. 035425/22370

Jagdspaniel-Klub
Dr. Peter Beyersdorf
Zur Gotteshülfe 43
50354 Hürth
Tel. u. Fax 02233/34296

Verein Jagdspaniel
Bodo Fischer
Forsthaus Niederhaverbeck
29646 Bispingen
Tel. 05198/669
Fax 05198/440

Labrador-Club Deutschland
Frank Auferkorte
Zeppeliner Str. 90
58313 Herdecke
Tel. u. Fax 02330/2423

Engl.-Setter-Club Deutschland
Klaus Peter Färber
Hauptstr. 51
55437 Nieder Hilbersheim
Tel. u. Fax 06728/1284

Klub Tirolerbracke
Manfred Parr
Rhönstr. 24
97737 Gemünden a. Main
Tel. 09351/5124

Verein f. Jagdteckel
Dr. Gottfried Gey
Niklotstr. 32
18273 Güstrow
Tel. 03843/214873
Fax 03852/20223

Bildnachweis

Durantel/NATURE: 6–7; **Fleury/COGIS:** 79 o; **Français/COGIS:** 66 o, 69 u, 70 o, 74 u, 84 o, 86, 87 o, 87 u, 88, 90 u, 93 o, 95 o, 98 o, 98 u, 104 o, 106 o, 107 o, 110 o, 110 u, 111 o; **Gauzargues/COGIS:** 71 u; **Hermeline/COGIS:** 96 o; **Labat/COGIS:** 72 u, 93 u, 94 o; **Lanceau/COGIS:** 71 o, 107 u; **Lepage/COGIS:** 94 u; **Lili/COGIS:** 103 o, 104 u; **Nicais/COGIS:** 70 u, 89, 90 o, 105 u, 111 u; **Rossignol:** 8, 9, 10, 11, 12, 13 o, 13 u, 16, 17, 18, 19, 20, 21, 22, 23 o, 23 u, 24, 25 o, 25 u, 26, 27 o, 27 u, 28, 29, 30, 31, 32, 33 o, 33 u, 34 o, 34 u, 35 o, 35 u, 36 o, 36 u, 37, 38 o, 38 u, 39 o, 39 u, 40, 41 o, 41 u, 42, 43, 44, 45, 46 o, 46 u, 47, 48 o, 48 u, 49, 50, 51, 52, 53 o, 53 u, 54, 55, 56 o, 56 u, 57, 58 o, 58 u, 59, 60, 61 o, 61 u, 62, 63, 64–65, 66 u, 67 o, 67 u, 68 o, 68 u, 69 o, 72 o, 73 o, 73 u, 74 o, 75 o, 75 u, 76 o, 76 u, 77 o, 77 u, 78 o, 78 u, 79 u, 80 o, 80 u, 81 o, 81 u, 82 o, 83 o, 83 u, 84 u, 85 o, 85 u, 91 u, 92 o, 92 u, 95 u, 96 u, 97 u, 99 o, 99 u, 100 o, 100 u, 101 o, 101 u, 102 o, 102 u, 103 u, 105 o, 106 u, 108 o, 108 u, 109 o; **Schwind/Okapia:** 15; **Testu/COGIS:** 82 u; **TH Foto/Tschanz-Hofmann/Okapia:** 14; **Varin/COGIS:** 91 o; **Vedie/COGIS:** 97 o, 109 u.

Die Zahlen verweisen auf die Seiten, die Abkürzungen geben die Position der Abbildung auf der Seite wieder: o = oben; u = unten.